工业城市
碳达峰碳中和
路径

以包头市为例

彭　浩◎著

PATHS OF
CARBON
PEAK AND
CARBON
NEUTRALITY IN
INDUSTRIAL
CITIES

Taking Baotou City as an Example

教育部人文社会科学研究一般项目资助"内蒙
古草原不同减排增汇模式社会、经济和生态评
价研究"（批准号：20YJA790058）

经济管理出版社
ECONOMY & MANAGEMENT PUBLISHING HOUSE

图书在版编目（CIP）数据

工业城市碳达峰碳中和路径：以包头市为例/彭浩著 . —北京：经济管理出版社，2022.7

ISBN 978-7-5096-8601-0

Ⅰ.①工… Ⅱ.①彭… Ⅲ.①工业城市—二氧化碳—节能减排—研究—包头 Ⅳ.①X511

中国版本图书馆 CIP 数据核字（2022）第 128858 号

组稿编辑：王光艳
责任编辑：李红贤
责任印制：黄章平
责任校对：董杉珊

出版发行：经济管理出版社
（北京市海淀区北蜂窝 8 号中雅大厦 A 座 11 层　100038）
网　　址：www. E-mp. com. cn
电　　话：（010）51915602
印　　刷：唐山昊达印刷有限公司
经　　销：新华书店
开　　本：720mm×1000mm/16
印　　张：10.25
字　　数：141 千字
版　　次：2022 年 7 月第 1 版　　2022 年 7 月第 1 次印刷
书　　号：ISBN 978-7-5096-8601-0
定　　价：68.00 元

前　言

　　根据联合国政府间气候变化专门委员会（Intergovernmental Panel on Climate Change，IPCC）的定义，碳达峰是指某个地区或行业年度二氧化碳排放量达到历史最高值，然后经历平台期进入持续下降的过程，是二氧化碳排放量由增转降的历史拐点。碳达峰包括达峰年份和峰值（朱法华等，2021）。所谓碳中和，是指某个地区在一定时间（一般指一年）内人为活动直接和间接排放的二氧化碳与二氧化碳去除（如植树造林）等的相互抵消，实现二氧化碳"净零排放"。

　　工业化以来，人类在生产和生活中大量使用开采的煤炭、石油、天然气等化石能源，排放大量的温室气体，特别是二氧化碳，使大气层中原有的气体浓度被改变，温室气体浓度升高，导致全球气候变暖（IPCC，2013；McCutcheon et al.，2014；Scheffers et al.，2016；IPCC，2018）。全球气候变暖打破了地球固有的内在平衡，进而出现冰川消融、海平面上升、气候带北移等严重的生态问题。此外，还会使局部地区在短时间内发生急剧的天气变化，高温、暴雨、热带风暴、龙卷风等自然灾害多发、频发，这有可能对人类赖以生存的地球生态系统造成难以挽回的损害。

　　2020年9月22日，习近平在第七十五届联合国大会一般性辩论上宣布，中国将提高国家自主贡献力度，采取更加有力的政策和措施，力争2030年前二氧化碳排放达到峰值，努力争取2060年前实现碳中和（胡鞍钢，2021）。这是中国首次提出实现碳达峰碳中和的目标，引起了国际社会的极大关注。

"碳达峰"与"碳中和"目标已被写入《中华人民共和国国民经济和社会发展第十四个五年规划和2035年远景目标纲要》,其中提出"十四五"期间中国要实现"单位国内生产总值能源消耗和二氧化碳排放分别降低13.5%、18%"的目标。无论对于整个世界还是对于中国自身而言,中国提出碳达峰碳中和目标都具有十分重大的意义。

西方发达国家要求我国和印度等国家采取措施减少二氧化碳排放量,人为实现碳达峰而非自然碳达峰,就等同于对我国的经济增长施加一个约束。如果我国不能及时地完成经济结构的深度调整,就会导致经济运行成本的增加,进而对我国经济的增长产生抑制作用(乔晓楠和彭李政,2021)。所以,研究碳达峰碳中和的实现路径具有重大的现实意义。

实现碳达峰碳中和的主体是城市,因为75%的人为温室气体是由城市排放的。工业城市指主要由于工业的产生和发展而形成的城市,这类城市工业职工占城市人口的比重大,工业用电、用水、用地占的比重也很大。相比于旅游城市、商业城市、港口城市等,工业城市的二氧化碳排放强度和人均二氧化碳排放量均更大,因而实现碳达峰碳中和的难度也更大。所以,以内蒙古自治区最大的工业城市——包头为例,对实现碳达峰碳中和的路径进行研究具有重要的实践意义,研究成果将对我国其他工业城市早日实现碳达峰碳中和提供借鉴。

全书共分8个部分,内容分别如下:

第1章为包头市基本情况概述。从自然环境、社会经济和二氧化碳排放现状三个方面展开介绍。

第2章为包头市能源系统的低碳发展战略与转型路径研究。这一章的内容包括:包头市能源消费量、包头市能源消费结构、包头市能源系统的低碳发展战略与转型路径。

第3章为包头市工业的低碳发展战略与转型路径研究。这一章的内容包括:包头市工业低碳发展规划与举措、包头市工业企业的低碳发展战略与转型路径和包头市工业园区的低碳发展战略。

第4章为包头市交通运输行业的低碳发展战略。这一章的内容包括：运用替代燃料技术、大力发展绿色低碳公共交通、调整交通运输结构、优化交通运输方式和推动绿色交通基础设施建设。

第5章为包头市建筑业的低碳发展战略。这一章的内容包括：包头市建筑业低碳发展现状、建筑业低碳发展路径探讨和降低供暖的碳排放。

第6章为包头市采取的相关举措。这一章的内容包括：减污降碳协同治理、绿色低碳全民行动和实现碳中和目标离不开碳汇。

第7章为包头市气候投融资试点建设。这一章的内容包括：包头市试点气候投融资工作的基础、包头市开展气候投融资试点工作的主要特色、包头市开展气候投融资试点工作的基本原则和主要目标，以及包头市气候投融资试点建设下一步的工作内容。

第8章为研究展望。

在本书写作调研过程中，包头市生态环境局和各分局的领导以及各相关企业的工作人员给予了大力支持，在此表示感谢。在写作过程中，笔者参阅了大量国内外相关文献，引用了许多重要的观点，在这里对相关文献的作者表示感谢。

鉴于碳达峰碳中和实现的复杂性以及笔者自身水平的局限性，本书还存在许多不足之处，望各位同仁批评指正！

彭 浩

2022年5月于包头

目　录

第❶章

包头市基本情况概述

1.1 包头市自然环境概况

1.1.1 地理位置

包头市位于内蒙古自治区中西部，地处渤海经济区与黄河上游资源富集区交汇处。包头市北部与蒙古国东戈壁省接壤，南临黄河，东西接土默川平原和河套平原，阴山山脉横贯其中部。包头的地理坐标是东经 109°51′~111°25′、北纬 40°15′~42°45′，平均海拔为 1067.2 米，总面积为 27768 平方千米。包头市下辖 6 个区（昆都仑区、青山区、东河区、九原区、石拐区、白云鄂博矿区）、1 个县（固阳县）、2 个旗（土默特右旗和达尔罕茂明安联合旗）和包头稀土高新技术产业开发区。昆都仑区简称为昆区，土默特右旗简称为土右旗，达尔罕茂明安联合旗简称为达茂旗。包头城市建成区面积 360 平方千米，市中心区面积 315 平方千米。

1.1.2 地形地貌

包头市位于蒙古高原的南端,境内有阴山山脉的大青山、乌拉山(以昆都仑河为界),山峰平均海拔2000米,最高峰海拔2338米。全市呈现出中间高、南北低,北高南低、西高东低的地形地貌特征。阴山山脉的大青山和乌拉山呈东西走向横亘于包头市中部。包头市分为三种地形。

中部的山岳地带,海拔1200~2300米,其北坡平缓,南坡陡峭。大青山诸峰海拔在2000米左右,相对高差为600米左右,九峰山最高点为2338米。乌拉山海拔1200~2000米,相对高差为1000米左右,主峰大桦背2324米。阴坡以天然次生林和灌林为主。该区是包头市的水源涵养区。

山北高原,海拔1100~2200米,北端为达茂旗波状高平原,总地势南高北低,由西南向东倾斜,起伏平缓,丘陵和丘间盆地交错分布;南部进入固阳县境内,由北向南排列,先为低山丘陵地貌,继之是白灵淖尔盆地,中、低山状的色尔腾山、固阳盆地,南抵大青山北坡。

山南平原,可分为山前倾斜平原、冲洪积平原、黄河冲积平原三种类型的地貌景观。山前倾斜平原多由冲、洪积扇组成,北高南低,缓慢倾斜地势,沿山一字排开;冲洪积平原的底层是古代湖泊经过长久淤积而成,上部覆盖冲积层,主要分布在土右旗中部;黄河冲积平原由黄河冲积而成,沿河地势开阔平坦。

1.1.3 水文

黄河流经包头市境内214千米,水面宽130~458米,水深1.6~9.3米,平均流速为1.4米/秒,最大流量为6400立方米/秒,是包头地区工农业生产和人民生活的主要水源。黄河流经包头段在整个黄河流域的最北段,因冬季气温低，每年约有 113 天的冰封期。除黄河外，艾不盖河、哈德门沟、昆都仑河、五当沟、水涧沟、美岱沟 6 条河流的径流量比较大，也是已被利用的重要淡水资源。

1.1.4　气候特征

包头地区属于半干旱中温带大陆性季风气候。春季干旱多风，夏季温和。全年降水较少，集中于夏秋两季。气温和湿度变化大，蒸发量大。春节 3~5 月多风沙，年平均风速为 2.9 米/秒，最大风速为 8.8 米/秒。秋季凉爽少雨，冬季干燥寒冷，无霜期短。冬季长达 5~7 个月，夏季只有 2~3 个月。本地区全年主导风向为东南风，风向有明显的季节变化，夏秋两季盛行东南风，冬春两季东南风和西北风频率均较高，秋冬两季静风频率较高。

2016—2020 年，包头市年平均气温 7.9℃，最高气温达到 37.1℃，出现在 2017 年；最低气温达到 -25.7℃，出现在 2019 年。年平均降水量 303.4 毫米，2017 年降水量最小，仅为 208.2 毫米；2018 年降水量最大，达 364.6 毫米。2016—2020 年包头市气象要素变化情况如表 1-1 所示。

表 1-1　2016—2020 年包头市气象要素变化情况

年份	年平均气温（℃）	年最高气温（℃）	年最低气温（℃）	年降水总量（毫米）	年平均风速（米/秒）	年平均相对湿度（%）	全年沙尘天气（次）
2016	8.0	34.8	-23.7	340.2	3.0	53	13
2017	8.3	37.1	-23.0	208.2	2.8	54	7
2018	8.0	35.2	-25.5	364.6	3.0	55	33
2019	7.7	33.9	-25.7	290.1	2.8	57	21
2020	7.3	34.4	-23.6	313.6	2.8	59	15
平均值	7.9	35.1	-24.3	303.4	2.9	56	18

资料来源：《包头市生态环境质量报告书（2016—2020 年度）》。

1.1.5　自然资源概况

土地资源：包头市山地占 14.49%，丘陵草原占 75.51%，平原占 10%。包头市以栗钙土、棕钙土、灰褐土、潮土四大类土为主，其中潮土理化性状较好，比较适宜进行农业生产。包头市现有耕地 5293.59 平方千米，占包头市土地面积的 19.06%；林地 1020.77 平方千米，占包头市土地面积的 3.68%；草地面积最大，为 19030.86 平方千米，占包头市土地面积的 68.54%[①]。

生物资源：截至 2020 年底，包头市林地面积为 1367 万亩，占包头市总面积的 32.8%；森林面积 761 万亩，林木蓄积量 368 万立方米，森林覆盖率 18.3%；湿地面积 140 万亩，占包头市总面积的 3.3%；建成区绿地面积 11.7 万亩[②]。北部丘陵地区大都种植干旱作物，主要有莜麦、荞麦、马铃薯、胡麻、菜籽等。北部草原盛产绵羊、山羊、牛、马、骆驼等牲畜。南部平原区土质肥沃，有引黄（河）灌溉系统和地下水浇灌设施，旱涝保收，盛产小麦、糜黍、甜菜、向日葵、玉米、高粱及蔬菜、瓜果。包头市野生动植物资源丰富，经初步调查，大青山国家级自然保护区包头辖区有野生高等植物 852 种，分布着蒙古扁桃、脱皮榆等国家和内蒙古自治区重点保护野生植物 22 种；有野生脊椎动物 218 种，金雕、雪豹等国家重点保护动物均有发现。包头市草原位于西部干旱半干旱地区，属于典型草原向荒漠化草原的过渡地带，草地面积辽阔、资源丰富。包头市草原面积为 20828 平方千米，其中达茂旗草原面积 16600 平方千米，占包头市草场面积的 79.8%，是包头市唯一的也是最大的畜牧业旗，在包头市畜牧业生产中占有重要地位。"十三五"

---

① 资料来源：《包头市生态环境质量报告书（2016—2020 年度）》。
② 数据资料由包头市林草局提供。

期间，包头市草原植被盖度由 2016 年的 32% 提高到 2020 年的 37%①。

水资源：包头市 2020 年全年水资源总量 10.5 亿立方米（不包括黄河水）。全年总用水量 9.94 亿立方米，其中农业用水 5.84 亿立方米，工业用水 2.82 立方米，生活用水 1.28 亿立方米。2016—2020 年包头市水利资源状况及用水情况如表 1-2 所示。

表 1-2　2016—2020 年包头市水利资源状况及用水情况

单位：亿立方米

年份	水资源				黄河入境年径流量	用水量		
	地表水	地下水	再生水	总量		农业	工业	生活
2016	6.4	3.7	0.5	10.6	126.4	6.78	2.56	1.23
2017	6.3	3.8	0.5	10.6	143.7	6.64	2.66	1.28
2018	6.4	3.7	0.6	10.7	338.7	6.49	2.86	1.35
2019	6.1	3.5	0.6	10.2	361.0	5.97	2.88	1.36
2020	6.6	3.3	0.6	10.5	373.4	5.84	2.82	1.28

资料来源：《包头市生态环境质量报告书（2016—2020 年度）》。

矿产资源：包头市境内拥有白云鄂博铁矿，共生稀土矿（TR_2O_3）5138.37 万吨，稀土保有资源储量居世界首位；共生铌矿（Nb_2O_5）83.726 万吨，铌查明资源储量居世界第二位。包头市的矿产资源具有种类丰富、储量大、分布较为集中、易于开采的特点，尤其是金属矿产的种类丰富、储量大。稀土矿是包头的优势矿种，全国闻名。包头市目前已发现矿物 74 种，矿产类型 14 个。主要金属矿有铁、稀土、铌、钛、锰、金、铜等 30 个矿种，6 个矿产类型。非金属矿有萤石、蛭石、石棉、云母等 40 个矿种。包头市铁矿资源居内蒙古自治区第一位，但品位不高，富铁矿少，贫铁矿占比达到 90% 以上。白云岩保有基础储量 6404.7 万吨，资源储量 18019.8 万吨，占内蒙古自治区总资源储量的 95.11%，居内蒙古自治区第一位。冶金用石英岩的资源

① 资料来源：《包头市生态环境质量报告书（2016—2020 年度）》。

储量占内蒙古自治区总资源储量的 41.5%，居内蒙古自治区第二位。冶金用脉石英资源储量 370.5 万吨，占内蒙古自治区总资源储量的 79.49%，居内蒙古自治区第一位。包头市蕴含的主要能源矿有煤、油页岩等。

1.2　包头市社会经济概况

　　包头地区有着悠久的历史和文化，考古发现早在 6000 年前的新石器时代，包头地区的先民就已经在此定居。五代后，辽在这里设云内州，一直沿袭至元朝。1809 年包头村改为包头镇。1870 年前后，包头修筑城墙，近代城镇的雏形开始显现。19 世纪后期至 20 世纪初，包头已发展成为我国西北部著名的皮毛集散地和水旱码头。1926 年包头改镇为县，1938 年包头改县为市。1950 年 2 月 13 日，包头市人民政府正式成立。1953 年包头撤县留市。

1.2.1　人口

　　按照第七次全国人口普查公布的数据，2020 年 11 月 1 日零时包头市常住人口数为 271.03 万人，与 2010 年末相比增加 5.9 万人。包头居住着汉族、蒙古族等 43 个民族。2021 年末包头市常住人口 271.8 万人，比上年末增加0.77 万人。2020 年包头市各旗县区土地面积和人口密度如表 1-3 所示。

表 1-3　2020 年包头市各旗县区土地面积和人口密度

项目 旗县区	土地面积 （平方千米）	年末常住 人口（万人）	人口密度 （人/平方千米）
全市	27768	271.03	98
稀土高新区	116	18.45	1591

续表

项目 旗县区	土地面积 （平方千米）	年末常住 人口（万人）	人口密度 （人/平方千米）
东河区	470	48.42	1030
昆都仑区	301	78.79	2618
青山区	280	53.54	1912
石拐区	761	2.47	32
白云鄂博矿区	329	2.27	69
九原区	734	24.56	335
土默特右旗	2368	23.73	100
固阳县	5025	11.85	24
达尔罕茂明安联合旗	17384	6.95	4

资料来源：《包头统计年鉴（2021）》。

　　2011—2020 年包头市总人口及城镇人口数量如表 1-4 所示。随着城市的发展，包头市的城镇化率不断上升。

表 1-4　2011—2020 年包头市总人口及城镇人口数量

项目 年份	年末总人口 （万人）	城镇人口 （万人）	城镇化率 （%）
2011	266.09	214.38	80.57
2012	266.46	217.81	81.74
2013	266.92	220.94	82.77
2014	267.55	222.94	83.33
2015	268.02	224.42	83.73
2016	268.64	227.25	84.59
2017	269.38	230.13	85.43
2018	269.94	231.47	85.75
2019	270.47	232.48	85.95
2020	271.03	233.49	86.16

资料来源：《包头统计年鉴（2021）》。

1.2.2　地区生产总值

"十三五"时期,包头市全面建成小康社会取得了决定性成就,经济发展质量和效益稳步提升。地区生产总值按可比价格计算年均增长 5.7%,从 2016 年的 2092.4 亿元增加到 2020 年的 2787.4 亿元(按当年价格计算)①。以 2015 年地区生产总值为 100 计算,2016—2020 年包头市地区生产总值变化情况如图 1-1 所示。

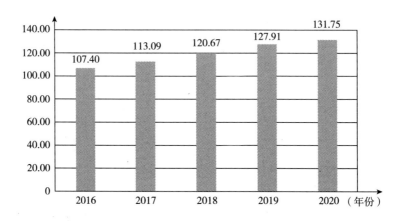

图 1-1　2016—2020 年包头市地区生产总值变化情况(以 2015 年为 100)

资料来源:《包头统计年鉴(2016—2021)》。

按照包头市统计局公布的《包头市 2021 年国民经济和社会发展统计公报》,2021 年包头市实现"十四五"良好开局,初步核算,全年地区生产总值 3293 亿元,按可比价计算,比上年增长 8.5%。全年人均地区生产总值 121331 元,比上年增长 8.2%。

---

① 资料来源:《包头统计年鉴(2021)》。由于数据根据第四次全国经济普查结果对 2000—2018 年的数值进行了修订,因此与《包头统计年鉴(2017)》中 2016 年的地区生产总值(3867.16 亿元)不同。

1.2.3 经济结构

经过中华人民共和国成立后 70 多年的砥砺奋进，包头市已经形成钢铁、铝业、装备制造、能源、稀土、煤化工等产业集群，成为中国重要的钢铁生产基地、中国最大的稀土研发生产基地和国家重要的军工装备基地，内蒙古自治区最大的工业城市、唯一的重工业城市，被誉为"草原钢城""稀土之都"。

"十三五"期间，包头市以重化工业为主的产业结构仍未改变，以钢铁、铝业、稀土、电力、煤化工等传统产业为主的高耗能产业能耗占包头市工业能耗的比例高达 89%。包头市在工业发展过程中不断提高绿色新能源的使用比例，能够带动新能源相关产业的发展，构筑新能源产业链条和集群，不断优化包头市产业结构，同时也能加快低碳转型发展，是支持国家履行"2030年前实现碳达峰、2060 年前实现碳中和"这一国际承诺的重要体现。2016—2020 年包头市各产业经济情况如表 1-5 所示。

表 1-5　2016—2020 年包头市各产业经济情况

年份	第一产业		第二产业		第三产业	
	总量（亿元）	所占比例（%）	总量（亿元）	所占比例（%）	总量（亿元）	所占比例（%）
2016	86.3	4.1	809.3	38.7	1196.8	57.2
2017	84.1	3.7	872.9	38.2	1330.1	58.1
2018	91.2	3.6	967.5	38.5	1452.4	57.9
2019	96.4	3.5	1066.5	39.3	1551.6	57.2
2020	105.2	3.8	1153.0	41.4	1529.2	54.8

资料来源：《包头统计年鉴（2021）》。

"十三五"期间，包头市全部工业增加值增长率由 2016 年的 8.3% 增长到 2020 年的 11.0%。2020 年，在规模以上工业中，钢铁、铝业、装备制造、稀土、电力五大产业完成工业增加值较上一年增长了 7.7%，对规模以上工业经济增长的贡献率占比为 38.1%；轻工业生产增加值增长 7.4%，重工业生产增加值增长 10.2%，重工业的增加值增速快于轻工业。2020 年，规模以上工业增加值增长 9.6%，全年规模以上工业企业营业收入较上年下降 4.0%，营业成本下降 5.9%，利润总额增长 44.2%。

2021 年，包头市第一产业增加值 114.4 亿元，比上年增长 4%；第二产业增加值 1571.2 亿元，比上年增长 11.7%；第三产业增加值 1607.4 亿元，比上年增长 6.4%；第二产业增加值增速快于第一产业和第三产业。

2021 年，包头市粮食总产量 115.4 万吨，比上年增长 2.3%，连续十年稳定在 100 万吨以上。

1.3 包头市二氧化碳排放现状

在对包头市碳达峰碳中和路径进行研究之前，需要通过一定的方法计算包头市近年来二氧化碳的排放量、人均二氧化碳排放量和二氧化碳排放强度，这些数据是后续研究的基础。

1.3.1 包头市二氧化碳排放量计算方法

根据联合国政府间气候变化专门委员会（IPCC）的假定，一般认为各类能源的二氧化碳排放系数稳定不变；一次能源分类中的水电、核电和其他能源发电，在使用过程中视为无二氧化碳排放，因此将产生二氧化碳排放量的能源消费种类划分为煤炭、石油和天然气三类（韩红珠等，2015）。在计算二氧化碳排放量时，采用三类能源消费总量分别乘以各自的二氧化碳排放系数。

计算包头市的二氧化碳排放量，就是煤炭、石油和天然气三类化石燃料消费产生的排放量及电力调入调出所蕴含的排放量。计算公式为：

$$CDE = CE + FE + GE + ECPTI - ECPTO \tag{1-1}$$

其中：

$$CE = CCTCY \times CEFC \tag{1-2}$$

$$FE = OCTCY \times CEFF \tag{1-3}$$

$$GE = GCTCY \times CEFG \tag{1-4}$$

$$ECPTI = LPTIQCY \times ACDEFIMAR \tag{1-5}$$

$$ECPTO = LPTOQCY \times ACDEFIMAR \tag{1-6}$$

式（1-1）至式（1-6）中，CDE 为二氧化碳排放总量，CE 为燃煤二氧化碳排放量，FE 为燃油二氧化碳排放量，GE 为燃气二氧化碳排放量，ECPTI 为电力调入所蕴含的二氧化碳排放量，ECPTO 为电力调出所蕴含的二氧化碳排放量，CCTCY 为当年煤炭消费量，CEFC 为燃煤综合二氧化碳排放因子，OCTCY 为当年油品消费量，CEFF 为燃油综合二氧化碳排放因子，GCTCY 为当年天然气消费量，CEFG 为燃气综合二氧化碳排放因子，LPTIQCY 为当年本地区电力调入电量，LPTOQCY 为当年本地区电力调出电量，单位都是 1 吨标准煤的煤炭、石油和天然气燃烧所产生的二氧化碳排放量。ACDEFIMAR 为内蒙古自治区省级电网平均二氧化碳排放因子。

由于燃料的质量、燃烧所使用的技术以及其他相关因素的不同，不同地区不同年份的二氧化碳排放因子是有一定差异的。计算包头市 2011—2020 年二氧化碳排放量的排放因子，使用的是来自内蒙古自治区生态环境厅发文统计各盟市二氧化碳排放量时采用的 2012 年国家温室气体清单的初步数据，具体见表 1-6。

表1-6 化石燃料消费二氧化碳排放因子

燃料种类	单位	数值
煤炭	吨二氧化碳/吨标准煤	2.66
石油	吨二氧化碳/吨标准煤	1.73
天然气	吨二氧化碳/吨标准煤	1.56

资料来源：内蒙古自治区生态环境厅下发的《二氧化碳排放核算方法》。

调入调出电量数据来自《包头统计年鉴》，计算蕴含的二氧化碳排放量时，采用的是内蒙古自治区省级电网平均二氧化碳排放因子的数值（0.7533 $kgCO_2/kWh$）。

1.3.2 包头市二氧化碳排放现状

根据化石燃料消费量和电力调入调出量计算得到2011—2020年包头市的二氧化碳排放量（见表1-7和图1-2）。

表1-7 2011—2020年包头市二氧化碳排放量

年份	二氧化碳排放量（万吨）	年末常住人口（万人）	人均二氧化碳排放量（吨）	二氧化碳排放强度（吨/万元）
2011	8787.37	266.09	33.02	3.12
2012	8859.78	266.46	33.25	2.87
2013	9122.83	266.92	34.18	2.73
2014	9390.41	267.55	35.10	2.60
2015	10161.30	268.02	37.91	2.61
2016	10223.35	268.64	38.06	2.45
2017	10486.23	269.38	38.93	2.38
2018	10960.36	269.94	40.60	2.33
2019	11067.88	270.47	40.92	2.22
2020	11613.14	271.03	42.85	2.27

资料来源：年末常住人口来自历年《包头统计年鉴》，其他数据为笔者根据相关数据计算所得。

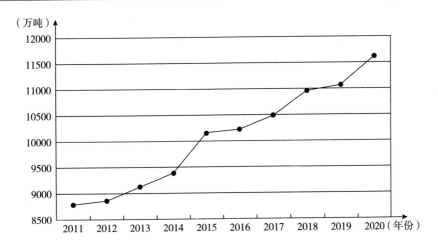

图 1-2　2011—2020 年包头市二氧化碳排放量

包头市的二氧化碳排放量在 2011—2020 年呈逐年增加的态势，2016—2020 年五年的二氧化碳排放量比 2011—2015 年五年的二氧化碳排放量增长了 17.33%。

以 2011—2020 年历年年末常住人口计算包头市人均二氧化碳排放量，结果见表 1-7 和图 1-3。

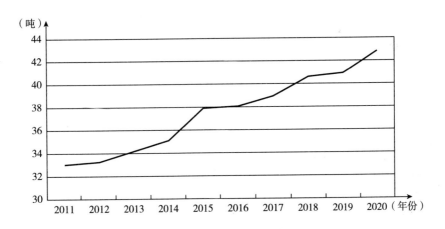

图 1-3　2011—2020 年包头市人均二氧化碳排放量

2011—2020 年包头市人均二氧化碳排放量呈明显的上升趋势，2020 年比 2011 年增长了 29.77%。

计算 2011—2020 年包头市二氧化碳排放强度时，去除价格影响因素，地区生产总值以 2010 年价格计算，结果见表 1-7 和图 1-4。

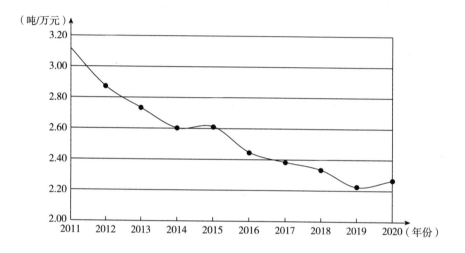

图 1-4　2011—2020 年包头市二氧化碳排放强度

我国提出，"十四五"期间中国要实现"单位国内生产总值能源消耗和二氧化碳排放分别降低 13.5%、18%"的目标，同时要"实施以碳强度控制为主、碳排放总量控制为辅的制度"。包头市"十三五"期间的二氧化碳排放强度比"十二五"期间下降了 15.95%。"十四五"期间包头市要完成二氧化碳排放强度再下降 18% 的目标，必须在总结之前相关工作经验的基础上，积极探索能源系统、工业、交通运输、建筑业等的低碳发展战略。

2020 年，在包头市能源消费总量中，煤炭、石油、天然气等化石能源的占比超过 90%；包头市生产总值只占全国国内生产总值的 0.27%，但能源消费量占全国总量的将近 1%（0.99%）；万元 GDP 能耗是 2020 年全国平均水平的 3.6 倍。要想如期达到 2030 年前碳达峰与 2060 年前碳中和的目标而又不使经济发展受影响，就必须加快产业结构优化升级，生产方式和生活方式向绿色低碳方向转变，进行一场广泛而深刻的社会经济变革。

包头市是内蒙古自治区唯一的重工业城市，2030 年前实现碳达峰、2060 年前实现碳中和的伟大目标，对包头市而言，既是重大的责任、巨大的挑战，更是历史性机遇，要想实现"双碳"目标，必须在生产方式上实现重大转变。所以，非常有必要从能源、工业、交通运输、建筑、减污降碳、气候投融资试点、绿色低碳全民行动和碳汇等多方面，研究包头这座工业城市碳达峰碳中和的可行路径，既有利于包头市下一步朝着"建设碳达峰碳中和先锋城市、模范城市"的目标迈进，也有利于其他工业城市借鉴经验、吸取教训。

第❷章

包头市能源系统的低碳
发展战略与转型路径研究

2.1　包头市能源消费量

2011—2020 年，包头市能源消费总量一直呈逐年增加的态势，2011 年为
3525.31 万吨标准煤，2020 年增加到 4908.13 万吨标准煤（见图 2-1）。包头

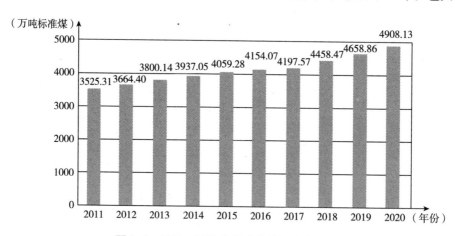

图 2-1　2011—2020 年包头市能源消费总量

资料来源：《包头统计年鉴（2021）》。

市能源消费总量 2016—2020 年比 2011—2015 年增长了 17.86%，该增长幅度和包头市同期的二氧化碳排放量增长幅度（17.33%）几乎一样。

2.2　包头市能源消费结构

按照历年《包头统计年鉴》的数据，2011—2020 年，包头市能源消费总量中，"工业"所占的比例大多在 80% 以上，甚至达到 85% 以上。以 2020 年为例，"批发和零售业、住宿和餐饮业""生活消费""其他""交通运输、仓储和邮政业""建筑业"和"农、林、牧、渔业"六大类能源消费量所占比例均不超过 5%，具体如表 2-1 所示。

表 2-1　2011—2020 年包头市能源消费结构

年份	工业（%）	交通运输、仓储和邮政业（%）	批发和零售业、住宿和餐饮业（%）	农、林、牧、渔业（%）	生活消费（%）	建筑业（%）	其他（%）
2011	83.48	5.80	3.01	1.17	5.04	0.62	0.88
2012	83.52	5.82	3.01	1.10	5.04	0.63	0.88
2013	82.54	6.03	3.19	1.12	5.57	0.65	0.90
2014	78.44	5.23	6.04	0.79	3.49	1.55	4.46
2015	77.16	5.39	6.42	0.79	3.99	1.64	4.61
2016	85.59	2.58	4.01	0.35	3.88	0.69	2.91
2017	85.23	2.71	4.13	0.28	3.82	0.70	3.13
2018	84.22	2.89	4.23	0.28	4.46	0.70	3.22
2019	84.56	2.85	4.20	0.34	4.08	0.68	3.29
2020	85.15	2.09	4.68	0.32	3.97	0.65	3.15

资料来源：《包头统计年鉴》。

2.3 包头市能源系统的低碳发展战略与转型路径

2021 年 11 月印发的《内蒙古自治区"十四五"应对气候变化规划》设定的目标中有一个重要的"75%以下",指内蒙古自治区虽然长期是以煤为主的能源生产和消费结构,但是"十四五"期间必须采取有力措施,到 2025 年内蒙古煤炭消费占能源消费总量的比重要下降到 75% 以下。目前,包头市离这一目标还有一定的差距,包头市 2020 年煤炭消费占能源消费总量的比重为 87.18%(包头市统计局,2021)。

为了如期实现"双碳"目标,能源系统必须朝着低碳、绿色的方向改革,大力发展新能源,逐步降低化石能源的消费比重,加快建设新型电力系统。当然,必须先立后破,切实保证能源安全。

包头市能源系统的低碳发展战略和转型路径具体如下。

2.3.1 降低化石能源消费比重,推进煤炭消费替代和转型升级

包头市 2022 年碳达峰碳中和工作要点涉及煤电和煤炭的包括:①对新报批的煤电项目一律严格把关,原则上不允许新增煤电项目。②进一步降低现有煤电机组的能耗水平,提高清洁供热的能力,鼓励对煤电现役机组加快进行节能升级改造、供热改造和灵活性改造,2022 年完成华电土右旗和华电包头的火电灵活性改造项目,其配套新能源建设项目年内竣工。③采取措施有序降低煤炭占一次能源消费的比重,2022 年非化石能源消费比重达到 11.5% 左右。④对影响煤电机组调峰能力的各项因素进行分析,不断提升对低碳的

可再生能源的消纳能力。⑤有序淘汰煤电落后产能，按照国家和内蒙古自治区的要求，2022 年进一步加大监管力度，做好落后煤电机组逐步淘汰政策的引导，2023 年底前完成符合条件的机组淘汰退出工作。⑥在煤炭的供给端和需求端，大力推动煤炭清洁利用。⑦继续推进煤改电、煤改气和煤改光伏。

包头市 2022 年 4 月成功入选国家北方地区冬季清洁取暖项目试点城市，获得中央财政三年共 9 亿元资金支持，成为内蒙古自治区第一个获得此项试点的城市，也是试点城市中纬度最高、冬季平均气温最低的城市之一，对深入打好北方严寒地区冬季污染防治攻坚战、推进供暖低碳化建设具有重要的意义。试点期间将实施 8 万户居民清洁取暖改造任务，截至 2021 年 12 月已有 232 个村开工，管线改造工程完成了 94.8%①。

按照"内蒙古自治区火电灵活性改造促进新能源消纳"申报工作要求，包头市共组织了 6 家火电企业进行了申报。结合电网实际，包头市 2 个改造项目取得了内蒙古自治区批复，配置新能源建设指标 76 万千瓦，正在组织实施②。

2.3.2 高耗能企业节能降耗

对包头市 93 家 1 万吨标准煤以上重点用能企业和 47 家 3000 吨标准煤以上用能单位开展了能源利用、能源效率、能源管理节能诊断。建立了能耗在线监测平台，包头市共圈定 72 家高能耗企业，现接入监测平台的有 67 家，5 家未接入。以这些监测、实测数据为基础，企业可对能耗历史数据进行查询、了解用能设备的用能趋势及流向，管理部门可科学指导高耗能企业进行节能降耗的技术革新。包头市正在对包钢（集团）公司（以下简称包钢）、包头

---

① 资料由包头市生态环境局提供。
② 资料来源：中共包头市发展和改革委员会党组关于市委专项巡察整改情况的通报，fgw. baotou. gov. cn/tzgg/24921713. jthml。

铝业（集团）有限公司（以下简称包铝）、东方希望包头稀土铝业有限公司（公下简称希铝）等 7 家重点企业开展的低效电机改造项目，预计每年可节能 4.74 万吨标准煤。

2.3.3 大力发展新能源产业

从包头市发展改革委获悉，2021 年包头市新能源开发建设实现历史性突破。2021 年，包头市继续坚持集中式与分布式并举，既不断扩大风电和光伏发电项目的建设规模，也不断提高风电和光伏发电项目的发展质量。2021 年，包头市批复新能源建设指标 354.7 万千瓦，包括风电 170.4 万千瓦、光伏 184.3 万千瓦，项目总投资 339 亿元，可带动相关产业总投资 800 亿元[①]。

包头市新能源装机容量由 2018 年的 504.22 万千瓦增加到 2021 年的 635.62 万千瓦，新能源发电量由 2018 年的 80.92 亿千瓦·时增加到 2021 年的 145.41 亿千瓦·时，新能源发电比重由 2018 年的 12.84% 提高到 2021 年的 18.4%[②]。

包头市谋划“十四五”能源规划项目 159 个，预计总投资 5739 亿元，项目包括大力发展风能、太阳能，还有氢能、核能、生物质能等新能源。2021 年以来，重点实施新疆特变电工、国际氢能冶金化工产业示范基地等 45 个现代能源重点项目，取得的新能源项目指标位居内蒙古自治区前列。

2022 年 3 月 18 日，达茂旗“绿氢与绿氢制绿氨”项目获准予以备案公示，该项目建成投产后，将以风电、光伏发电等绿色能源制“绿氢”，然后以“绿氢”制“绿氨”（即绿氢制合成氨），可年产 10 万吨合成氨。达茂旗 20 万千瓦新能源制氢工程示范项目将新建风电 12 万千瓦发电机组，光伏 8

---

① 资料由包头市工业和信息化局提供。
② 无废城市建设助推包头工业绿色转型［EB/OL］．包头文明网，bt. wenming. cn/jjlm/202204/t20220401_75499. shtml2022-04-01.

万千瓦发电机组，电化学储能 2 万千瓦·时，电解水制氢达到每年 0.78 万吨。达茂旗的这两个项目均计划在 2023 年投产，均已列入内蒙古自治区风光制氢一体化示范项目。

2021 年 12 月 29 日 16 时 10 分，110 千伏电报局变至金风庆源 35 千伏线路工程送电成功。12 月 30 日 4 时 24 分，蒙电综能开关站至固北 220 千伏变 35 千伏线路工程送电成功。伴随着金风庆源 20 兆瓦、蒙电综能 30 兆瓦风电场成功并网，固阳县数百座风机开始迎风转动，为包头再添绿色"动能"。为促进可再生能源发电产业的发展，包头市充分发挥地理位置优越、风能资源丰富的优势，建设分散式风电项目，金风庆源和蒙电综能项目成为重要新能源送出项目。两座风场送电后，就近接入和就地消纳，可降低电网多次升降压和长距离输送的电能损失，提高供电可靠性和电压质量，进一步改善偏远地区农牧民的生产生活环境。

包头市近年来大力引进光伏制造行业企业，包括生产单晶拉棒、多晶硅材料、切片、电池组件和光伏电站的企业，朝着发展全产业链光伏产业的目标规划布局、招商引资。预计到 2025 年多晶硅材料产能、单晶拉棒产能将分别占全国的 40% 和 35% 以上。包头市风电生产领域形成了从碳纤维、叶片、风机、塔筒、锚栓到整机的风电全产业链。

包头市可再生能源综合应用示范区 160 万千瓦风电项目将安装 31 台风力发电机组，新建一座 220 千伏升压站。项目建成后，和同样发电量的火电厂相比，每年可节约能耗 21.65 万吨标准煤，减少二氧化碳排放 56.29 万吨，对于包头市能源体系向绿色低碳方向发展具有积极作用。包头市将以该 160 万千瓦风电项目为基础，继续在达茂旗、固阳县、土右旗和石拐区建设一批可再生能源发电项目，并提前布局一批"源网荷储一体化"多能互补示范项目。同时，包头市还将加快建设以新能源为主体的新型电力系统。

包头市大力发展风光氢储核产业，形成多能互补格局。2022 年计划新增新能源装机 150 万千瓦，这样，新能源装机将达到 785.61 万千瓦，新能源装机占比达 40% 以上。截至 2022 年 3 月 21 日，包头市新能源发展占比提高到 16.9%。新能源指标 150 万千瓦，可折合减少能耗标准煤 212 万吨，可减少二氧化碳排放量 551 万吨。

2022 年，包头市将继续深入推进已取得新能源指标可再生能源示范区风电基地项目的建设，尽力争取年底项目建成顺利并网。全部建成并网后，包头市新能源装机将达到 1139 万千瓦，占比 52%；新增发电量 107 亿千瓦·时，降低能耗 321 万吨标准煤，减少二氧化碳排放 835 万吨。

2.3.4　青山区：整区屋顶分布式光伏试点

2021 年国家能源局公布全国首批整县（市、区）屋顶分布式光伏开发试点名单，在全国 676 个试点县（市、区）中，内蒙古自治区共有 11 个，青山区是包头市唯一获批为国家整区屋顶分布式光伏试点的旗县区。

包头市青山区整区屋顶分布式光伏试点工作少量地方已经建设完成，从 2022 年 4 月开始即将进入大规模建设阶段。

青山区发展改革委工作人员介绍，青山区工业基础雄厚，有成片的厂房设施，屋顶可利用率较高，更方便开发。另外，辖区党政机关、医院、学校等具备安装条件的其他类别建筑比例也符合相关要求，这些都是青山区推进分布式光伏规模化开发的优势。青山区目前以传统的火电为主，项目建成后，可以有效改善现有能源结构，以光伏发电替代传统的火电和燃煤散烧，可以大量减少二氧化碳排放。此外，不需要对电网进行大规模改造，可以做到"分散安装、就地消纳"。青山区发展改革委工作人员表示，全部试点任务青山区将在 2022 年比原计划提前一年完成。

青山区屋顶分布式光伏开发试点项目计划总投资 6 亿元，预计实现装机规模接近 150 兆瓦。项目 2022 年 10 月底建成后，年发电量将达到约 2 亿千瓦·时，每年节约能源消耗约 6 万吨标准煤。

根据实际情况，整区屋顶分布式光伏试点项目主要通过以下两种方式来实施：一是屋顶业主自建，企业可向有关部门进行报装和备案后自行建设。目前，青山区青北加油站屋顶已建成。中石化集团包头石油分公司发展基建部门负责人表示，目前包括青北加油站在内已有三座加油站进行了报装，在加油站的站房屋顶建设，每处加油站的报装面积为几百平方米，根据现有的装机功率测算，预计并网后每个站可以减少至少一半的耗电量。二是屋顶业主也可以根据自身实际情况，选择第三方投资企业来进行屋顶光伏发电设施的建设，屋顶业主和第三方投资企业共享收益。青山区发展改革委工作人员介绍，下一步投资企业将按照相关规定和程序，开展与屋顶业主签订合作协议、项目备案、屋顶承载力鉴定、方案设计等各项工作，预计将在 2022 年 10 月底基本完成建设。

2.3.5　分布式光伏发电站

除了在包头市青山区进行整区分布式光伏发电，包头市的土右旗、九原区也开展了分布式光伏发电站项目。内蒙古元极光量新能源有限公司与地方政府合作，已经在土右旗 8 个乡镇安装完成了分布式光伏发电站。2022 年开始又在九原区的哈林格尔镇、麻池镇、阿嘎如泰苏木建设施工。此外，固阳县、达茂旗也在建设分布式光伏发电站。

九原区哈林格尔镇打圪坝村的村民把分布式光伏发电项目形象地称为"安上蓝板板，得个金罐罐"。光伏发电板根据村民需求，因地制宜，有的建在屋顶上，有的建在院子里。安装了分布式光伏发电板后，村民家中发生了大变化。有了这套完整的发电、供电设备，居民可以实现用电免费，卖掉多余的电量既能赚钱还能获得实惠，村民们越来越支持安装光伏发电板。

有村民说："我家安装上光伏发电板已经三年了，家里的冰箱、洗衣机、电视，只要用电的设备都用光伏发电站的电。自从有了光伏发电站，我从来没有交过电费，每个月多余用不完的电还能卖钱，一年下来省了上千元。为此，我置办了多件电器，不仅生活方式改变了，就连环境也变好了，现在做饭都改用电了，再也不用因烧煤而发愁，还为节能减排做了贡献。"①

给村民们安装了内蒙古元极光量新能源有限公司的 APP 后，村民在家就能看到当天发了多少电，收益是多少，可以做到足不出户就能有收益。一个光伏发电站一年的发电量在 1.8 万~2 万度，内蒙古元极光量新能源有限公司负责维护，安装户按季度收钱。

下一步准备建设光伏农光互补基地，与村民签订协议，让村民未来 20 多年有持续收入，实现"天上太阳发电，地上羊草一片"的景象。

2.3.6 职业院校开设新能源相关专业

针对包头市以及内蒙古自治区新能源项目发展的需要，包头市多家职业技术学院与时俱进，开设了风力发电工程、光伏发电技术与应用、新能源汽车技术等相关专业，为企业培养实战型、技能型的学生，满足新能源单位的人才需求。

包头轻工职业技术学院的能源工程系开设了风力发电工程技术和光伏发电技术与应用专业，汽车服务系开设了新能源汽车技术专业。

风力发电工程技术专业培养的是掌握风力发电机组的生产、安装、调试、运行、维护、维修等方面的知识，能从事风电场规划设计工作，能在风力发电场进行日常维修保养工作，能在施工现场进行风力发电机组拆卸、安装、检测、调试及运行维护工作的技术人才。

光伏发电技术与应用专业培养的是能够掌握光伏组件生产、安装、维护和光伏发电系统设计、施工、运行、维护等方面的理论知识和专业技能，能

---

① 张姝斐. 光伏上房 屋顶生金 [N]. 包头晚报, 2022-04-21 (009).

从事光伏发电系统设计工作，能在施工现场进行光伏发电系统安装、检测、调试及运行维护等工作的技术人才。

新能源汽车技术专业培养的是掌握新能源汽车构造及工作原理、故障诊断与排除的思路与方法、高压安全防护等方面的专业知识，具备对新能源车辆进行维护、故障检测、诊断、维修的技能，可从事新能源汽车质量检验、新能源汽车检测维修、新能源汽车整车或零部件销售、新能源二手车评估等工作的技术人才。

包头职业技术学院电气工程系开设了新能源装备技术专业（风能发电设备制造与维修方向），车辆工程系开设了新能源汽车技术专业。

包头钢铁职业技术学院也开设了新能源汽车技术专业订单班，分别为包钢铁捷汽车订单班和吉利汽车订单班。

2.3.7　推动工业余热再利用

低品位工业余热是一种高效清洁的能源，如果将原来传统的燃煤供热方式，通过技术改造，将工业生产排放的低品位余热加以利用，既可以替代锅炉减少燃煤的使用量、减少供热供暖的二氧化碳排放，也可以降低燃煤造成的污染物的排放水平。

包头市稀土高新区采暖季的热源就来自低品位工业余热，管理这些热源的是稀土高新区的北控清洁热力有限公司。从 2021 年采暖季开始，三个系列余热工程全部投入运行，预计回收余热量 100 万 GJ（吉焦）以上，供热面积超过 250 万平方米。北控清洁热力有限公司余热工程 2019—2020 年采暖季共回收烟气余热 35 万 GJ 和用于调峰消耗的蒸汽量 15.7 万 GJ，总供热量 50.7 万 GJ①。

---

① 聚焦"双碳"倾力打造绿色产业体系［EB/OL］. 内蒙古新闻网，inews. nmgnews. com. cn/system/2022/01/14/013253164. shtml，2022-01-14.

推动包钢、包铝、希铝、国能包头煤化工等高耗能企业通过技术革新、购买专利技术、与其他企业合作等多种方式开展低品位余热的综合利用，推动电厂高背压节能改造以及低品位余热回收集中供热工程，预计可实现每年节约能耗近 90 万吨标准煤，减少二氧化碳排放每年近 240 万吨。

第❸章

包头市工业的低碳发展
战略与转型路径研究

3.1 包头市工业低碳发展规划与举措

包头是内蒙古自治区最大的工业城市，也是内蒙古自治区唯一的重工业城市，现有国民经济分类41个工业大类中的30个。包头市经济发展曾长期在内蒙古自治区处于领先地位，但是近年来，包头市在产业转型和工业高质量发展方面，步子显得慢了一些。包头作为一座工业经济门类较为齐全的工业城市，工业为其发展提供了最强大的力量。2021年，包头市固定资产投资比2020年增长26.6%。这其中，第一产业、第三产业投资都比2020年下降了2.9%，第二产业投资大幅增长，达88.2%，拉动包头市投资增长28.5个百分点，对包头市投资增长的贡献最为突出。2021年，包头市工业投资增长87.9%，其中制造业投资增长1.4倍。2021年包头市高技术产业投资增长1.1倍，占包头市投资的比重较2020年提高4.9%，其中高技术制造业投资增长2.4倍①。包头市2022年第一季度规模以上工业增加值增速位列内蒙古

① 包头市统计局.包头市2021年国民经济和社会发展统计公报［N］.包头日报，2022-04-06（003）.

自治区第一①。

包头市产业"四多四少"（传统产业多、新兴产业少，低端产业多、高端产业少，资源型产业多、高附加值产业少，劳动密集型产业多、资本科技密集型产业少）的问题依然突出。特别是高耗能产业居高不下，占主导地位的钢铁、电力、有色、化工、晶硅等行业能耗占比约为89%，战略性新兴产业仅占经济总量的4.1%。2020年，包头市单位生产总值能耗上升2%左右，五年仅完成内蒙古自治区下达控制性指标的60%。

包头市的产业结构从耗能与产值的关系看，存在一些必须关注的问题：煤炭开采洗选、电力热力燃气生产供应等9类前端产业占工业增加值的87.1%，而专用设备、汽车制造、食品制造等22类后端延伸链条产业增加值仅占12.9%；近几年引进了不少高耗能的多晶硅材料和单晶拉棒项目，但引进低能耗的下游切片和电池组件等项目少；引进了不少高耗能的化成箔项目，但引进终端电容器制造等项目少。

能源消耗量大、二氧化碳排放量大的包头工业，如果还是惯性地依靠原有的发展方式和原有的用能方式，今后的路只能是越走越窄。所以，包头别无选择，必须以最快的速度、采取最有力的措施，与时俱进，朝着低碳节能减排的方向奋力前行！

3.1.1 包头市工业低碳发展方面的规划

包头市制订了《培育发展战略性新兴产业三年行动方案（2021—2023年）》，将充分发挥新材料、新能源两大新兴产业的引领作用，发展壮大光伏、风电、高端装备制造、新能源汽车等新兴产业，加快培育节能环保、新一代信息技术等战略性新兴产业。新材料产业方面，将重点实施包钢75万吨

---

① 张富博. 市发改委争当党建业务深度融合"急先锋"［N］. 包头日报, 2022-06-15（002）.

高合金钢、包铝高纯铝等一批高端化产品项目，推动光威大丝束碳纤维、航天九院无人机研试基地和中远 1 万吨聚乙烯薄膜等项目竣工投产，加快正威铜基新材料、晶源新材料 1000 吨碳复合材料、神华煤制烯烃二期 40 万吨可降解塑料和浦景化工 5 万吨聚乙醇酸基降解材料等项目开工建设。

包头市出台了《关于大力支持新能源汽车产业发展若干政策措施》，支持北奔重型汽车集团有限公司作为包头新能源汽车产业的规模最大的企业继续做大做强，将再建设新能源重型卡车换电站 40 座，带动新能源汽车、零部件生产、维修与保养全产业链共同发展。

培育壮大风电装备制造产业。包头市将加快若干在建项目的建设，如：南高齿（包头）传动设备投资的风电齿轮箱制造技术改造项目，将在 2022 年 6 月投产，预计可实现年产值 8 亿元，新增就业 460 余人，项目配备国际一流的试验设备及检测仪器，覆盖了高精度齿轮箱产品所有制造关键工序及产品终检，先进性和齐全性达到了当今世界先进水平；中车电机稀土永磁风力发电机扩建项目，计划总投资 1 亿元，预计建成投产后年产值将达到 8 亿元，实现年税收额 1000 万元以上；龙马集团计划总投资 165 亿元的高端风电装备制造产业园项目，2022 年开始开工建设，预计 2025 年底竣工投产，目标为建设成全链条、全生命周期的高端风电装备制造基地；明阳集团在包头市石拐区第一期投资 50 亿元建设明阳新能源智能制造产业园，2022 年开始开工建设，将建设 5~10 兆瓦超大型陆上风电整机和核心部件，项目全部建成将形成超大型陆上风电智能制造完整产业链[①]。

包头市将通过引进新技术、新工艺、新产品，扎实推进钢铁、有色、化工等传统产业的改造升级。2022 年将围绕设备换新、生产换线、产品换代，实施企业技术改造项目 150 个以上，改造升级传统电机 10000 台。在包头市原有产业布局的基础上，经过考察、分析与研判，将在接下来五年重点打造

---

① 资料由包头市工业和信息化局提供。

碳纤维、光伏、高分子材料、新能源装备、数字产业五条新产业链。围绕企业数字化改造，2022 年将重点实施数字基础设施升级、工业互联网平台建设、数字化解决方案培育、重点行业改造升级、重点领域数字化能力提升、数字化融合发展、生态体系构建等专项行动。加快构建工业互联网标识解析服务体系，培育一批标识解析典型应用场景和工业互联网发展的新模式、新业态。实施数字化改造减碳工程，推动钢铁、有色、火电、煤化工等重点行业普遍开展数字工厂、智能车间和工序改造，2022 年，将以工业企业数字化评估诊断的结果为依据，持续深化包头市工业企业的智能化升级改造，力争 2022 年完成 100 个数字化改造项目，再培育 100 个数字化建设项目。

大力发展储氢材料，加快镍氢动力电池、启动电源、应急电源等的应用；大力发展高端稀土抛光材料，特别是光功能材料领域；大力发展催化剂及助剂材料，加大稀土助剂在环保、高分子新材料等领域的创新研发和市场开拓；大力发展"稀土+"产业，集中力量攻克稀土钢关键技术，不断拓展稀土在铝镁合金及其他轻量化材料领域的应用。2022 年，力争稀土磁性材料产量达到 6 万吨，储氢材料产量达到 0.4 万吨，稀土产业产值达到 500 亿元①。

2022 年将实施工业减碳"六大工程"：①积极推进钢铁行业超低排放改造，计划 2022 年 9 月底前完成包钢 265 平烧结和 500 万球团的超低排放改造工程，2022 年底前完成包钢全部烧结、球团的超低排放治理任务，2023 年底前完成内蒙古自治区下达的整个钢铁行业超低排放改造任务；②加快包钢、包铝、希铝等重点用能企业的节能改造，如对包铝、希铝等 7 家重点用能企业开展低效电机改造，此项改造预计每年可节能 4.74 万吨标准煤；③推动 20 家铁合金企业的 2.5 万千伏安及以下限制类矿热炉设备退出；④大力推行绿色生产方式，2022 年计划新增内蒙古自治区级以上绿色工厂 20 家、绿色设计产品 20 个；⑤有序淘汰煤电落后产能，按照国家和内蒙古自治区的要

---

① 资料来源：《2022 年包头市国民经济和社会发展计划》。

求，2022 年进一步加大监管力度，做好落后煤电机组的逐步淘汰，2023 年底前完成符合条件的机组淘汰退出；⑥建设包瀜环保新材料有限公司 10 万吨/年碳化法钢铁渣综合利用、远达鑫农用碳酸氢铵、远达鑫 10 万吨/年食品添加剂二氧化碳扩产等一批碳捕集、利用项目。

3.1.2　包头市工业低碳发展方面的举措

包头市加大对高耗能、高污染、高排放产能的淘汰力度，建立节能诊断和能耗监测预警机制，对包头市 8 个高耗能行业 67 家年综合耗能 1 万吨标准煤（等价值）及以上的企业全部接入能耗监测平台开展自查，并制订了《包头市"两高"违规项目整改方案》。目前，6 个已建成"两高"项目全部整改完成。

我国碳排放权交易市场于 2021 年 7 月 16 日启动，发电行业是首个纳入碳排放交易权市场的行业，纳入的重点企业有 2162 家，其中包头市有 15 家。这 15 家发电行业重点排放单位均在 2021 年完成了碳排放配额确认工作，并于碳排放权交易市场开市当天正常、有序进入全国碳排放权交易市场。全国碳排放权交易市场覆盖的行业将会从发电逐渐扩大到八个高排放行业。已开展包头市钢铁、发电、有色、化工等八大行业重点企业碳排放数据报告与核查工作，并邀请内蒙古自治区有关专家对各重点企业进行了碳核算报告编制和网上填报的专题培训。2021 年包头市进行全面的核查校准，同时督促各相关企业建立温室气体排放报告制度和温室气体排放报告质量内部审核制度，从制度上把控好数据质量。同步开展了各企业 2018—2019 年核查中已整改的问题的"回头看"，针对各企业存在问题，督促企业逐条整改落实。包头市石化、化工、建材、钢铁、有色金属等高排放行业 20 家重点工业企业在2021 年系统填报碳排放数据，并已完成碳排放数据质量自查工作。

工信部公示的 2021 年度国家级绿色制造名单中，包头市有弘元新材料

（包头）有限公司等 6 家企业被认定为绿色工厂。2021 年 7 月，内蒙古自治区工信厅公布第二批自治区级绿色制造示范名单，其中包头市 8 家（累计 12 家）企业获得自治区级"绿色工厂"称号、2 个（累计 3 个）产品获得内蒙古自治区级"绿色设计产品"称号。

绿色改造：引导规模以上工业企业开展节能技术改造，初步测算可形成 338.22 万吨标准煤的节能能力。重点实施包铝、希铝、国能包头煤化工有限责任公司（以下简称国能包头煤化工）等 7 家重点企业高效电机替代项目，已完成 1500 余台电机改造。

严把高耗能、高排放项目的审批关，不允许新建高耗能、高排放、高污染项目；加大淘汰低效落后产能的工作力度，增加淘汰低效落后产能的产业类别；稳步推进化解过剩产能工作，对职工要有合理的安置方案；加快推进高耗能企业的节能降耗改造，将工作重心由能耗"双控"逐步转为控制二氧化碳排放总量和二氧化碳排放强度的二氧化碳排放"双控"。例如，坤达鑫特种合金材料有限公司 40 万吨特种铁合金资源综合利用项目、亚新隆顺特钢有限公司 1×600 吨/天双膛石灰窑项目、宇欣新型材料有限公司年产 1.5 亿块煤矸石烧结砖项目（一期工程）、内蒙古国储能源化工集团年产 60 万吨煤制乙二醇项目、新恒丰年产 50 万吨轻金属材料加工项目、新恒丰年产 50 万吨轻金属材料加工扩建 9 万吨原铝制备项目均按照《坚决遏制"两高"项目盲目发展的工作方案》要求，依规停建整改。截至 2021 年 10 月底，包头市规模以上工业企业能耗总量 3183 万吨标准煤（等价值），同比增长 1.4%；规模以上工业单位增加值能耗下降 11.4%[①]。

通过企业加强管理，实施技术改造对余热余压回收综合利用。推动包钢、包铝、希铝、国能包头煤化工等高耗能企业通过技术革新、购买专利技术、与其他企业合作等多种方式开展低品位余热回收后的综合利用，推动公用电

---

① 资料由包头市发展和改革委员会提供。

厂、企业自备电厂通过机组排汽、减少低压缸排汽的热损失、降低煤耗等多种技术手段进行高背压节能改造。

2021 年 20 家限制类铁合金企业 42.95 万吨产能关停,炭化室高度小于 5.5 米的捣固焦炉、年产量 100 万吨以下焦化项目因为属于产能相对过剩行业的落后技术,在 2022 年底前应全部退出。

3.1.3　建议实行阶梯电价

按照国家发展改革委、工信部若干通知的要求,内蒙古自治区工信厅组织开展了 2021 年阶梯电价政策执行情况现场核查,并于 2021 年 6 月发布了核查结果。2021 年阶梯电价现场核查涉及内蒙古自治区电解铝企业 9 家、水泥企业 128 家、钢铁企业 16 家,总计 153 家企业,检查结果是只有包头市大安钢铁有限责任公司达到阶梯电价加价标准。

因此,为了提高能源利用效率,应该对高耗能的电解铝、水泥、钢铁等行业的企业真正实行阶梯电价制度,对使用落后技术、管理不善、单位产值能耗高的相关企业征收单价更高的电费,并应禁止对高耗能企业实施优惠电价。

例如,太原市 2022 年开始对电解铝行业实施阶梯电价。调查统计当地电解铝行业企业的生产能耗水平,按照单位产量的耗电量确定分档的标准,太原市确定的电解铝行业企业阶梯电价分档的耗电基准值为每吨铝液 13650 千瓦·时。电解铝企业的交流电耗不高于分档基准值的,电解铝企业生产的用电量不加价;高于分档基准值的,生产每吨铝液每超过 20 千瓦·时(不足 20 千瓦·时的,按 20 千瓦·时计算),铝液生产用电量每千瓦·时电价上涨 0.01 元。对于应缴纳加价电费的电解铝企业,如果没有按时足额缴纳,收到《电费缴纳通知单》90 天后需要按照加价电费的 1.5 倍缴纳。同时,还鼓励电解铝企业提高风电、光伏发电等绿色能源的利用比例,减少煤炭、石油、天然气等化石能源的消耗。如果电解铝企业消耗的风电、光伏发电电量在全部用电量中的比例超过 15%，占比每增加 1 个百分点，阶梯电价加价标准相应降低 1%①。

　　建议包头市对电解铝、水泥、钢铁等高耗能行业进行考察调研，科学合理确定电价分档的标准，让电价在高耗能产业真正实行分档。在确定电价分档标准时，也应考虑这些工业企业的二氧化碳排放强度，让阶梯电价起到促进生产效率提高、降低能耗和降低二氧化碳排放强度的作用。

3.2　包头市工业企业的低碳发展战略与转型路径

3.2.1　包钢（集团）公司

　　包钢（集团）公司（以下简称包钢）成立于 1954 年，是"一五"时期我国建设的第一个大型钢铁企业。经过 60 多年的创业、发展和壮大，包钢目前已成为世界最大的稀土工业基地和我国重要的钢铁工业基地，拥有"包钢股份""北方稀土"两个上市公司。包钢包括采矿、选矿、烧结、球团、焦化、炼铁、炼钢、轧钢等主要生产工艺，是集采、选、冶、轧为一体的全流程且品种规格最齐全的特大型钢铁企业。目前，包钢具备 1750 万吨铁、钢、材配套能力，总体装备水平达到国际一流，形成"板、管、轨、线"四条精品线的生产格局。包钢致力于打造与城市、生态环境共融的"钢铁花园"，厂区绿化覆盖率 2021 年达到 46.9%。稀土钢轨等多个产品列入国家绿色设计产品名单。截至 2021 年底，公司资产总额 2094.17 亿元，在册职工 4.83 万人。截至 2021 年底，累计产钢 2.81 亿吨、上缴利税超千亿元②。

---

① 高岗栓. 太原电解铝行业实施阶梯电价［N］. 中国环境报，2022-02-08（008）.
② 资料来源：包钢（集团）公司官网。

3.2.1.1　开展碳中和路线图研究

包钢践行"双碳"规划目标，结合国家、钢铁行业和包钢碳达峰碳中和工作方案，对标中国宝武钢铁集团有限公司高质量完成包钢碳中和路线图研究项目，重点分析预估碳达峰后第一阶段（10 年）二氧化碳排放量及趋势，形成包钢碳中和技术路线图。

包钢十分重视碳达峰碳中和方面的工作，对公司的所有生产设备进行二氧化碳排放量测算，并以此为基础制订碳达峰碳中和规划。2021 年 5 月，包钢公开发布企业碳达峰碳中和时间表，即包钢尽力争取"2023 年实现碳达峰，2050 年实现碳中和"，成为中国钢铁行业第三家、包头市首家公开发布实现碳达峰和碳中和具体时间的企业，标志着包钢碳达峰碳中和工作进入全面攻坚阶段。

3.2.1.2　节能和超低排放改造

在已累计投资 150 多亿元建设节能环保项目的基础上，包钢提升绿色矿山建设，持续进行节能和超低排放改造，实现了焦炉、烧结、球团、冶炼等生产过程和无组织排放点的超低排放。

余热余能发电方面，包钢配备 4 台 137 兆瓦燃气—蒸汽联合循环（CCPP）发电机组，年发电量可达 41.31 亿千瓦·时，并在建两台 165 兆瓦 CCPP 发电机组，用于替代老旧燃气锅炉及高能耗小机组，在改善能源利用效率的同时，可大幅提升自发电水平。

通过强化能源管控、优化能源结构、开展工艺技术攻关、实施节能项目改造、置换高耗能设备，推动部分工序能耗指标位居行业前列。2021 年，包钢吨钢综合能耗完成 629.83 千克标准煤/吨，同比降低 3.1%，五大国控工序均较同期有较大降幅，其中球团工序能耗 18.36 千克标准煤/吨，在全国同类型烧结机中保持领先地位[①]。

---

① 资料由包钢（集团）公司提供。

3.2.1.3 包钢绿色低碳物流

2022 年 1 月 7 日，80 台北奔重型汽车集团有限公司的新能源重型卡车交付包钢钢联物流有限公司使用，同时 3 座快速充换电站启动运营。这批车辆交付后，包钢范围内新能源运输车辆达到 109 台，绿色物流运输占整个公司运输的三成多，其余六成多为国家第五阶段机动车污染物排放标准以上的柴油车①。

3 座快速充换电站分别在包钢主厂区及固阳作业区投入运营，每座充换电站都包括配电系统、充电系统、换电系统和安防系统，站内设置 1 个车道，车辆通过二维码识别，换电系统得到指令后自动对电池解锁，无须人工操作，行吊自动抓取电池换到车身，前后充换电时间不到 6 分钟。新建的三座换电站电池配置为 7 块，可以匹配 25~30 辆车换电。

2021 年 7 月，重庆三峡绿动能源有限公司、北奔重型汽车集团有限公司和包钢钢联物流有限公司分别作为三峡集团、北奔集团、包钢集团的成员单位达成共识，结盟合作发展新能源车应用场景，后期又联合宁德时代新能源科技股份有限公司、上海玖行能源科技有限公司等企业形成"绿色能源"战略合作联盟，打造整车、电池、换电站、金融、运力池、运营全产业链。2021 年 11 月达成交付包钢集团 80 辆电动车和三座换电站的合作协议，为包钢集团低碳、绿色物流发展赋能，为包头市节能减排、低碳发展助力。

2021 年起，包钢集团与北奔重型汽车集团有限公司以及上海交通大学内蒙古研究院经过商讨与规划，拟以绿色氢能使用作为切入点共同推动包钢白云鄂博矿区和包钢厂区间物流的低碳化发展，推动"氢能碳中和绿色工矿示范区项目"的规划与建设。在白云鄂博矿区的排土场及周边区域进行光伏发电和风力发电项目的建设，将这些零碳绿色新能源电力接入矿区电网，同时

---

① 新年新气象：80 台北奔重汽新能源重卡交付使用［N］．内蒙古广播电视台奔腾融媒，2022-01-07.

置换矿区工业用电负荷，并进行绿电制氢，供应白云鄂博矿区和包钢厂区间运行的氢燃料电池车辆使用。

3.2.1.4　余热回收利用——薄板厂 CSP 加热炉烟气余热回收综合利用项目

2021 年 5 月，包钢 4 兆瓦发电机组及溴化锂制冷系统开始使用，这是全国第一套集"电、热、冷"并用为一体的烟气余热回收综合利用的环保项目。

在包钢薄板厂，过去在生产中产生的两部分热源——转炉生产时产生的部分饱和蒸汽和薄板坯连铸连轧加热炉（也就是 CSP 加热炉）烟气不能完全回收，能源白白浪费，对环境也有一定影响。

怎么能实现综合利用？经过综合考量，大胆设计，包钢加热炉烟气余热回收综合利用项目于 2020 年 3 月开工建设。企业新建一座 CSP 余热综合能源站，收集过热蒸汽通过汽轮机发电，所产生的电能推动热泵机组工作为全厂6 万平方米厂房供暖，余热蒸气通过制冷机组——溴冷机为轧机主电室制冷降温，剩下的热能则推动低温余热发电机组循环发电。过去薄板坯连铸连轧加热炉烟气尾气排放温度为 450~600℃，通过余热综合利用现在温度降到150℃，远远低于国家标准（180℃）。

加热炉烟气余热回收综合利用项目可实现一年四季余热充分利用。冬季，这两股余热主要通过汽轮机发电，溴冷机制冷和热泵采暖得到充分利用。夏季，通过汽轮机发电，ORC 透平机发电以及溴冷机制冷将热源充分利用。

2021 年 6 月 4 日，内蒙古自治区工信厅组织内蒙古自治区 34 家重点用能企业在包头市召开该综合利用项目的现场会。经过近两年的建设、测试和调整，全国首个"电、热、冷"三联产项目包钢薄板厂 CSP 加热炉烟气余热综合利用项目建设完成。经测算，把电、冷、热 4 套联合机组放在一套系统综合利用，不仅实现了节电节热，还可以发电，该环保项目一年可为包钢节约能耗近 1.8 万吨标准煤，节省资金约 260 万元，减少二氧化碳排放约 5 万吨，一年产生效益约 1600 万元①。

薄板厂 CSP 加热炉烟气余热综合利用项目回收饱和蒸汽和烟气热量，既节能减排、降本增效，又能改善区域环境，同时还能带来巨大的经济效益。包钢目前已在焦化、烧结、转炉、轧钢等各工序开展余热回收项目，如焦炉上升管余热回收、烧结环冷机和大烟道余热回收、转炉显热回收、轧钢加热炉余热回收、高炉软水余热回收、部分高炉冲渣水余热回收以及焦化初冷水余热回收，年余热回收量约 1850 万吉焦。余能利用发电方面，包钢已全部淘汰高能耗燃煤机组。包钢接下来会不断总结经验、改良方案、统筹安排，把余热资源最大限度地利用起来。

3.2.1.5 光伏发电

包钢充分利用太阳能资源丰富的优势，已在钢管公司 159、460 厂房屋顶建设分布式光伏发电项目，年发电量 2000 万千瓦·时。同时，正积极推进厂区光伏发电项目建设 891.5 兆瓦，提升公司清洁零碳能源利用比例，为公司节能降碳做贡献。

3.2.1.6 包钢提出绿色低碳发展过程中面临的主要困难

（1）实现"双碳"目标与能源双控、产品升级、技术进步之间存在相互制约。包钢碳达峰过程产能逐步释放，产业链延伸，产品结构优化，高附加值产品比例逐年增加，能耗将会相应增加。

（2）钢铁行业低碳冶金技术目前都处于试验阶段，各个企业需要投入大量精力研究适合各自企业实际情况的技术。低碳技术能实现大规模应用的时间不明确，单个企业低碳技术研发的风险和压力较大。

（3）碳捕集利用与封存（Carbon Capture, Utilization and Storage, CCUS）

---

① 包头市工业和信息化局. 全国首套烟气余热回收利用项目在包钢启用［EB/OL］. http：// gxj. baotou. gov. cn/jnhzhly/24858580. jhtml. , 2021-05-12.

技术的应用成本高，二氧化碳捕集成本高。

（4）风光发电、氢能等清洁能源项目的建设受指标限制不能大范围推广。

3.2.2　包头海平面高分子工业有限公司九原分公司使用电石尾气发电

电石尾气发电项目总投资 8500 万元，共安装 23×540 千瓦+6×700 千瓦燃气内燃机发电机组，总装机容量 16.62 兆瓦，并配套建设 2×4.1 吨/小时的余热锅炉用于场内供暖及甲酸钠的烘干。项目投用后发电 1044 万度/月，有效利用电石尾气约 1085 万立方米，减少二氧化碳排放约 12 万吨/年①。包头海平面高分子工业有限公司九原分公司电石尾气发电工艺流程如图 3-1 所示。

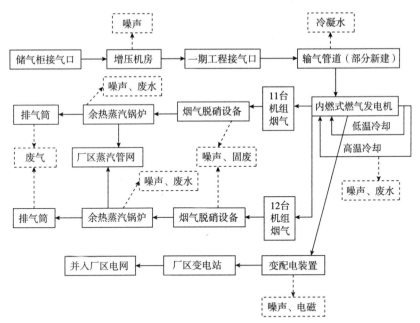

图 3-1　包头海平面高分子工业有限公司九原分公司电石尾气发电工艺流程

资料来源：由包头海平面高分子工业有限公司提供。

---

①　由包头海平面高分子工业有限公司提供。

3.2.3　东方希望包头稀土铝业有限公司：乏汽余热回收

乏汽如果不加以回收利用，就是一种废热；如果加以回收利用，就可以成为资源、可以变为财富。东方希望包头稀土铝业有限公司（以下简称希铝）热电部为了把工业余热变为资源，2018年对1号机组开始进行乏汽改造。改造使用的是乏汽热泵技术。具体来说就是应用热泵技术回收气泵乏汽的热量，这样可以提升供热首站循环水的温度，后续可以用来集中供热等。

希铝热电部共有六台机组，每一台机组配置一台气泵。按照原来的生产工艺，做完功的乏汽需要汽轮机凝汽器来降低热量，热量被凝汽器循环冷却水带走，这样的处理方式，不但乏汽余热无法回收利用，而且需要另外增加煤耗来冷却乏汽，不节能也不环保。

乏汽改造项目由热电部生产技术处牵头组织策划，各工区联手，经过多轮方案讨论，最后公司选择了一项自主创新研发的热泵专利技术来对气泵乏汽余热进行回收。

气泵乏汽余热回收首先在1号机组进行预试验。通过新增加的热泵，可以将需要循环冷却后排走的乏汽从气泵引到热泵，然后将这些热量予以回收利用，每小时可将近千吨水由60℃加热到90℃。1号机组回收的乏汽余热用来加热包头市金达立热力有限公司换热站的循环水，并可以在供暖期向外网供热。2019年开始，该创新改造项目逐步在2~6号机组进行推广。

热泵系统使用后运行稳定，在回收热量、提高机组真空、降低用水量三方面起到了重要作用。经过核准计算，每年供暖期通过回收乏汽产生的效益为1800余万元，提高机组真空产生的效益近90万元，降低用水量产生的效益近180万元。

3.2.4 包头其他工业企业

中国兵器工业集团内蒙古北方重工业集团有限公司利用德国技术通过全厂加热炉燃烧系统节能改造，每年可减少燃气使用量 1000 多万立方米。

积极组织工业企业申报内蒙古自治区级低碳试点，组织内蒙古自治区包头市普拉特生活垃圾焚烧发电厂扩建申报内蒙古自治区级近零碳企业。

包头市大安钢铁有限责任公司（以下简称大安钢铁）、包头市吉宇钢铁有限责任公司（以下简称吉宇钢铁）搬迁改造。大安钢铁与包头市政府、固阳县政府签订了搬迁改造协议，正在编制搬迁改造方案；吉宇钢铁将兼并重组改造位于固阳县的包头市德顺特钢有限责任公司，已完成重组升级改造项目的可行性研究报告。目前，两家钢铁企业正在按照国家新的产能置换办法开展前期工作，计划于 2023 年底前关停旧厂区。

3.3 包头市工业园区的低碳发展战略

2018 年版《中国开发区审核公告目录》（以下简称《目录》）经国务院同意后正式公告。根据《目录》，包头市有国家级开发区 1 个，省级开发区 8 个，具体如表 3-1 所示。

表 3-1 包头市国家级和省级开发区一览表

开发区	级别	批准时间	所在旗县区
稀土高新技术产业开发区	国家级开发区	1992 年	市区
石拐工业园区	省级开发区	2001 年	石拐区
铝业产业园区	省级开发区	2003 年	东河区

开发区	级别	批准时间	所在旗县区
九原工业园区	省级开发区	2006 年	九原区
土右旗新型工业园区	省级开发区	2006 年	土右旗
装备制造产业园区	省级开发区	2006 年	青山区
金山工业园区	省级开发区	2009 年	固阳县
金属深加工园区	省级开发区	2012 年	昆区
达茂巴润工业园区	省级开发区	2012 年	达茂旗

3.3.1 稀土高新技术产业开发区建设"净零能耗绿电产业园"

稀土高新技术产业开发区于 1992 年 11 月经国务院批准成为内蒙古自治区第一个国家级高新技术产业开发区，也是全国 117 个国家级高新技术产业开发区中唯一冠有"稀土"的高新技术产业开发区。稀土高新技术产业开发区位于包头市区的南侧，属于行政管理区和类似县级行政区，不属于国家法定行政区划。工信部公示的 2021 年度国家级绿色制造名单中，包头市稀土高新技术产业开发区被认定为绿色工业园区。

2022 年 4 月 7 日，稀土高新技术产业开发区与双良集团有限公司、江苏天合太阳能电力开发有限公司、国电电力内蒙古新能源开发有限公司共同签署"净零能耗绿电产业园"战略合作框架协议。双良集团、天合集团、国电电力将投资 105 亿元，采用国际主流的新能源技术，在稀土高新技术产业开发区建设具有世界一流水准的"源网荷储一体化"示范项目，打造 100% 能源可以由风电、光电等绿电提供的"净零能耗绿电产业园"。项目全部建设完成后，将有助于稀土高新技术产业开发区提出的"零能耗"园区能源体系建设目标的达成。

"净零能耗绿电产业园"项目将以目前四方共同合作的 1000~5000 兆瓦风光储一体化清洁能源示范项目为基础，持续在风光储一体化产业项目以及新能源制氢项目建设中，开展新能源建设和风、光、储能、氢多能源互补综合合作；在多能源管理领域，共同促进提升高新技术产业开发区综合能源管理服务水平的"5G+新基建+智慧电厂"等项目实施建设；按照稀土高新技术产业开发区发展规划，广泛开展以充电桩为主的"光储一体充电桩+5G"项目，以及"换电+5G""换电+储能"等项目的建设和运营。

与此同时，稀土高新技术产业开发区和合作的三家企业将按照优势互补、多方共赢的合作原则，既规划建设好园区的清洁低碳自用能源体系，也同时建设一个综合型清洁能源外送基地，构建世界一流的风、光、储能、氢多种新能源一体化、"发电、输送、使用"共同推进的清洁低碳、安全高效的绿色能源示范基地。稀土高新技术产业开发区"净零能耗绿电产业园"的建设，是在贯彻"生态优先、绿色发展"的理念，探索具有"低碳绿色"特征的高质量发展新路子，将为包头市其他工业园区的低碳发展树立样板，也是为包头建设碳达峰碳中和先锋城市、模范城市贡献力量。

3.3.2　达茂旗零碳园区项目

园区是产业集聚发展的核心单元，园区的二氧化碳排放状况对于我国是否能够按期实现碳达峰碳中和目标非常重要。达茂旗一直存在着风光清洁能源就地消纳难、传统产业节能降碳步伐慢等需要解决的老大难问题，达茂旗零碳园区的建设，就希望能为解决这些老大难问题找到途径、找到办法。达茂旗零碳园区将构建绿色低碳、循环发展的经济体系，建成后将为包头的绿色低碳城市建设贡献十分重要的力量。

达茂旗绿色零碳园区从 2022 年 3 月 8 日收到批复同意后开始按照"新能源一次性规划，新增产业负荷与新能源同步建设、同步投产，五年内达到 100% 全部园区消纳"的要求开始建设。本着"好中选优、优中选强"的原则，达茂旗政府招商引进发展智能风电的远景科技集团，进行达茂旗零碳园

区的建设。项目总投资约 150 亿元,计划分两期建设,2022 年 4 月至 2023 年
12 月为第一期,实施绿色纯净金属、智能大兆瓦齿轮箱等项目,同步构建新
型电力系统;2024 年至 2026 年为第二期,齿轮箱高端零件、风电大型轴承
和绿色特钢等项目将建成投产。预计整个园区建成后可实现年产值 375 亿元,
每年节约能耗 700 万吨标准煤(等价值)、减少二氧化碳排放约 1900 万吨。

2022 年 4 月 17 日,达茂旗零碳园区项目举行了线上线下同步开工仪式。
当天,青岛海达有限公司年产 3 万吨锂离子电池负极材料项目也举行了开工
奠基仪式。该项目计划总投资 12 亿元,预计 1 年半以后建成投产,预计年产
值将达到 15 亿元,年纳税额 1.5 亿元以上。之所以会在达茂旗建设包头市唯
一的零碳园区,是因为达茂旗是内蒙古自治区的低碳旗县试点,风光资源十
分富集,达茂旗巴润工业园区是内蒙古自治区近零碳排放区试点,也是内蒙
古自治区绿色零碳园区。目前,达茂旗已经是包头市风电、光伏发电装机容
量和并网规模最大,新能源产业最为集聚的旗县区,未来达茂旗新能源产业
发展的势头将更加强劲。

内蒙古自治区首批、包头市唯一的零碳园区项目开工,标志着包头市离
实现碳达峰碳中和目标又近了一步。

3.3.3 包头市工业园区低碳发展的其他举措

2021 年 7 月,内蒙古自治区工信厅公布第二批自治区级绿色制造示范名
单,名单中有绿色园区 4 家,其中 3 家是包头市的工业园区,即金山工业园
区、九原工业园区和稀土高新技术产业开发区。

2022 年,包头市计划新增内蒙古自治区级以上绿色园区 1 个,规划建设
2 个零碳园区和 4 个低碳园区。

强化工业企业入园管理,新建工业企业必须入驻相应工业园区,推动有
条件的既有未入园工业企业迁入园区。

第❹章

包头市交通运输行业的低碳发展战略

包头市从运用替代燃料技术、大力发展绿色低碳公共交通、调整交通运输结构、优化交通运输方式和推动绿色交通基础设施建设等多个方面着手，全面推进交通运输行业绿色低碳转型，加快形成绿色低碳交通运输方式。

4.1 运用替代燃料技术

交通部门替代燃料技术的发展包括：道路运输的电气化，铁路运输的电气化，重型货运汽车、大客车、环卫车、重型船舶以及客机使用燃料电池替代原来的化石燃料，民航运输使用生物质燃料等（袁志逸等，2021）。

新能源汽车是指采用新型动力系统并使用新型能源的汽车（郭雯和陶凯，2018）。新能源汽车具体可以分为纯电动汽车、混合动力汽车、燃料电池电动车、氢动力车以及增程式电动车等（韦树礼和李程武，2019）。

包头市交通运输行业在运用替代燃料技术降碳减排方面采取的措施有：2021 年入选"国家级新能源汽车换电模式应用试点城市"、入围国家首批燃料电池汽车示范应用城市群、不断上线新能源公交车、出租行业推广使用新能源汽车和包头市其他单位使用新能源汽车等。

4.1.1 入选"国家级新能源汽车换电模式应用试点城市"

为落实《新能源汽车产业发展规划（2021—2035 年）》，进一步促进新能源汽车换电模式的推广应用，并形成可复制的发展经验，2021 年 4 月，工信部、能源局下发了《开展新能源汽车换电模式应用试点工作的通知》。

包头市积极参与申报，经过 2021 年 7 月工信部组织专家对全国 60 余个城市的申报方案进行评审，以及 2021 年 8 月完成工信部组织的 15 个入围城市的视频答辩，按照 2021 年 10 月工信部印发的《关于启动新能源汽车换电模式应用试点工作的通知》（以下简称《通知》），包头市凭借雄厚的产业基础和广阔的应用场景，成功入选"国家级新能源汽车换电模式应用试点城市"。纳入此次试点范围的城市共计 11 个，包括综合应用类城市 8 个和重卡特色类城市 3 个，包头市属于重卡特色类试点城市。《通知》明确，预期推广换电车辆超 10 万辆，换电站超 1000 座，并且在突破关键技术、打通审批流程、建立监管平台、健全标准体系、形成产业新形态、构建政策支持体系六个方面精准发力。首批新能源汽车换电模式应用试点预计可每年节省燃油超过 70 万吨，减少二氧化碳排放超过 200 万吨。

包头市具备新能源换电式重卡研发与制造的优势、应用场景广阔的优势和绿色能源占比高的优势，三个"优势"让包头大力发展新能源换电式重卡信心百倍。

（1）新能源换电式重卡研发与制造的优势。坐落在包头市青山区的北奔重型汽车集团有限公司（以下简称北奔重汽集团）是我国唯一具有军工背景的重卡生产企业，2018 年被认定为国家级企业技术中心，企业拥有特种汽车技术院士工作站。2018 年，北奔重汽集团率先在重卡行业启动新能源重卡项目，成功研制了国内第一批换电重卡。2019 年 7 月，北奔重汽集团取得新能源电动车生产资质并于同年实现首批销售；2018—2021 年，北奔新能源电动牵引车、自卸车系列产品共实现整车销售近千台。自 2019 年 9 月 20 日在内蒙古稀土新能源汽车产业联盟成立大会上北奔重汽集团向包钢集团交付第一台北奔重卡 8×4 换电型自卸车以来（见图 4-1），新能源重卡换电模式在包头市不断发展壮大已将近 3 年，目前已经应用于白云鄂博矿区与包钢厂区之间的交通运输和九原区数字陆港"散改集+新能源"项目。北奔新能源电动重卡采用后置充/换电一体式结构，匹配永磁同步电机、EMT 变速箱、锂电池动力系统，双枪直流快速充电，充满电只需要一个半小时，换电低于 6 分钟。北奔重汽集团除了向包钢集团交付新能源换电型重卡以外，还获得了首钢集团、莱钢集团、陕钢集团等多个钢铁集团的新能源换电型重卡的订单，同时也与吉电股份等非钢铁类大型企业签订了新能源换电型重卡的合约。

图 4-1　北奔重汽集团向包钢集团交付首台换电自卸车

（2）应用场景广阔的优势。包头市拥有 200 余处矿区，矿产品年运销量超 6000 万吨；十余个火电厂，煤炭年运量超 3000 万吨；钢材、铝材、稀土等原材料年运销量累计约 2800 万吨；城市垃圾清运量超 250 万吨；等等①。

---

① 张婷婷．以先发优势全方位推进试点工作　包头占据新能源汽车"风口"［N］．包头日报，2021-11-21.

只是包头市本地的巨大的运输需求就为新能源换电重卡提供了稳定可靠的应用场景，此外还有大量的订单来自包头市以外的地区。

（3）绿色能源占比高的优势。包头现有新能源装机635.61万千瓦，预计到"十四五"时期末将实现翻倍，新能源装机达到1300万千瓦以上。两条千万千瓦级的新能源特高压输送通道已经列入国家电力"十四五"规划并正在筹建。包头市大力发展风电、光伏发电等绿色新能源，为包头市此次入选"国家级新能源汽车换电模式应用试点城市"时提出的"以绿电来换电"的零碳换电创新模式奠定了扎实的基础。

入选"国家级新能源汽车换电模式应用试点城市"后，包头市全面启动新能源汽车换电模式应用试点工作。新能源汽车的发展前景十分广阔，包头市将抢抓风口机遇，以"企、车、站、电"一体化发展为目标，在新能源重卡技术创新、不断提高车辆的质量、加快换电站及配套设施建设、不断拓展应用场景等方面坚持不懈下功夫，全面系统、扎实有效地推进试点工作。第一，以北奔重汽集团新能源重卡车型为主力，在三年试点时间内力求生产销售换电牵引车、自卸车、专用车等累计3000台以上，巩固包头在新能源重卡领域的先发优势，并依托"北奔北斗鑫车联网平台"实现对换电车型的统一管理与全方位服务；第二，加快换电基础设施建设，在换电站相关技术研发方面，指引换电站设备供应商采用模块化、通用化、平台互通化"三化"标准，提高整车、电池和零配件的通用性、兼容性与适配性，合理规划并建设至少60座换电站；第三，不断拓展应用场景，在稳步提高矿区、煤矿与火电厂之间，矿区与钢厂之间换电重卡使用比例的基础上，积极拓展市政环卫垃圾清运、建筑工地渣土清运、物流园区等应用场景，起到良好的示范效应和带动作用。

包头市十分重视此次入选新能源汽车换电模式应用试点，必将通过开展换电模式应用试点工作，引领新能源汽车生产制造、换电基础设施建设、绿色能源发展、绿色低碳物流等多领域共同发展。立足包头，以"国际一流、全国领先"为目标,不遗余力地把换电模式应用试点工作完成好。

4.1.2　入围国家首批燃料电池汽车示范应用城市群

2021 年 9 月,由包头市参与申报的燃料电池汽车示范应用广东城市群被正式批准为首批示范城市群。

广东省积极响应关于开展燃料电池汽车示范推广的要求,确定由佛山市牵头,联合广州、深圳、珠海、东莞、中山、阳江、云浮、福州、淄博、包头和六安等城市,组建燃料电池汽车示范应用广东城市群。

广东城市群计划以佛山、广州、深圳、淄博、六安和包头六大燃料电池生产的重要城市为启动端,联合东莞、中山、云浮等燃料电池关键材料研发制造基地,依靠珠海、阳江、福州、包头等氢源供应基地,全方位地实现广东示范城市群在燃料电池汽车发展方面的示范作用。

广东城市群燃料电池汽车产业发展的基础扎实,具有产业链配套完整的优势,电堆等燃料电池八大关键核心零部件均有全国领先或规模较大的生产企业。

广东城市群的发展目标:①在技术创新和产业化方面,通过推动关键部件、基础材料,以及系统集成与控制的自主技术创新与研发,保持城市群在燃料电池汽车关键核心技术的全国领先水平,并不断加快相关研发技术的产业化。②在推广应用方面,在示范应用城市群的各个城市,均开展燃料电池汽车使用的示范;通过技术创新使氢燃料电池汽车制造成本和使用成本不断下降,用氢成本 2023 年降至每千克 35 元以下;以市场化手段推动氢燃料电池汽车的规模化应用,2021—2025 年实现增加至少一万辆氢燃料电池汽车使用的目标。③在使用条件方面,完善氢能发展的体制机制,通过技术创新和机制创新,促进氢能"制、储、运、加"体系的不断完善;加快加氢基础设施的建设速度,建立稳定可靠的氢能供给体系,如期实现 2021—2025 年建设超过 200 座加氢站的目标。

2021 年 3 月 1 日，内蒙古自治区首台套氢燃料电池重卡成功下线（见图 4-2）。该重卡系 100 千瓦级氢燃料电池环卫重卡，由北奔重汽集团和上海交通大学共同研发，这标志着内蒙古自治区自主研发品牌的新能源氢燃料电池重卡实现重大进展，同时对内蒙古自治区打造一体化氢能产业集群也具有十分重要的意义。

图 4-2 内蒙古自治区首台套氢燃料电池重卡成功下线

氢燃料电池重卡使用的是技术处于国际领先水平的电池，可以保证在严寒的冬季也能正常启动与使用。北奔重汽集团生产的氢燃料电池重卡，出厂前经过 -30℃低温环境、水、尘、振动、烟雾等各种严苛条件下的检验，全部达到车规级（是一种汽车标准，指符合各个国家立法的关于汽车标准的法规）。底盘采用北奔重汽集团生产的新能源底盘系统，一次加注氢燃料就可以连续行驶 350 千米以上，并具备抑尘、洒水、洗扫等特殊功能，各项技术均处于国内领先水平。此款氢燃料电池重卡可应用于市政环卫场景。

包头市在燃料电池汽车示范应用广东城市群中的优势：

第一，包头市氢源丰富，可再生能源制氢潜力大，价格具有竞争优势。

包头市作为内蒙古自治区最大的工业城市，具有充裕的工业副产氢和可再生能源制氢资源，可保障氢燃料电池汽车产业发展的氢能需求。比如，可再生能源制取的绿氢产能约为 1.8 万吨/年，制氢成本大约为 23 元/千克。包头市2021—2025 年计划新增风电、光伏装机量，相应地将新增"绿氢"产能 1.5 万~3 万吨/年，制绿氢的成本进而降低到大约 14 元/千克。

第二，白云鄂博矿区冬季漫长寒冷的气候特征，为验证氢燃料电池在低温环境下性能是否依然保持正常提供了极好的试验场。即将开始实施的"氢能碳中和绿色工矿示范区项目"将在白云鄂博矿区和包钢厂区用氢燃料电池汽车替换原来运行的柴油重卡。

第三，具有应用场景广阔的优势。包头市现有柴油货车近 30000 辆，主要往返于白云鄂博矿区和市区、鄂尔多斯煤矿与火电厂等，其中 14 吨以上重型货车超过 20000 辆，氢能重卡将替代一部分柴油货车。

第四，丰富的稀土资源为研发固态储氢材料奠定了坚实的基础。中国的稀土资源 80%以上集中在包头市，白云鄂博矿是世界上最大的稀土矿。包头市已聚集多家稀土科研机构，可以对包头市固态储氢材料的研发和技术成果产业化提供科技支撑。

4.1.3　不断上线新能源公交车

为了践行"生态环保、绿色出行"理念，包头市公交运输集团积极探索绿色低碳发展方式。2004—2006 年，包头市公交运输集团就对所有城市公交客车进行了"油改气"改造，并在之后的车辆更新中对城市公交客车全部选择采用天然气燃料车辆，逐步淘汰了老旧汽（柴）油车辆。

自 2015 年开始，包头市公交运输集团积极引进能耗低、舒适度高的纯电动和混合动力公交客车，节能减排效果优良。首批更新的 460 台纯电动新能源车，节能减排效果十分明显。2016 年包头市入选"国家节能与新能源汽车示范推广试点城市", 就与包头市公交的绿色转型之路关系密切。

截至 2021 年 11 月, 包头市共有使用中的新能源公交车 771 台, 占全市公交车总量的 62.5%①。包头市公交运输集团计划在 2021—2023 年, 坚持"存量逐年更新、增量全部电动化"的原则, 逐年增加公交车辆的台数, 不断加大新能源公交车辆的比例, 所有新购置的公交车辆全部为新能源公交车 (见图 4-3), 清洁能源及新能源公交车到 2023 年占比将达到 100%, 公交出行分担率 (市内活动中人们乘坐公交车出行的比率) 将占到市民总出行方式的 15%。

图 4-3 包头市公交运输集团新购置的新能源公交车 (2021 年 11 月)

4.1.4 出租行业推广使用新能源汽车

《新能源汽车产业发展规划 (2021—2035 年)》中明确要求从 2021 年起国家生态文明试验区、大气污染防治重点区域新增或更新公交、出租等公共

---

① 资料由包头市公交运输集团提供。

领域车辆，新能源汽车比例不低于 80%。在达尔罕茂明安联合旗被评为国家生态文明建设示范区之后，包头市正积极开展国家生态文明建设示范区创建工作。因此，为了推动绿色交通发展，包头市出租行业大力倡导低碳环保，大力推广使用新能源汽车。

2021 年 1 月起，包头市市区 5827 辆巡游出租汽车将迎来八年一次的换新。大部分在 2022 年到期需要换新，少部分已于 2021 年换新，极少量 2023 年到期。经营者需要在报废时限到期前将车辆更新。

经过巡游出租汽车经营者对备选车型进行投票选择以及包头市路诚公证处对投票结果进行现场保全公证，2021 年 1 月 17 日，包头市交通运输局公布了巡游出租汽车备选车型，共 15 种入选推荐车型，其中双燃料车 4 种，燃油车 4 种，新能源充电式 4 种，新能源换电式 3 种。广大巡游出租汽车经营者在更新出租车时可自主选择推荐车型。

此次换新，包头市交通运输局将对巡游出租汽车更新为新能源纯电动车提供补助，补助标准为车价的 25% 且不超过 3 万元。依据《内蒙古自治区新能源汽车推广应用财政补助资金管理办法的通知》和《包头市人民政府办公室关于印发包头市市区巡游出租汽车更新工作实施方案的通知》（包府办发〔2021〕3 号），包头市交通运输局 2022 年经费预算中有 1000 万元用于 2022 年包头市更新新能源巡游出租汽车购置补贴，时间为 2022 年 1 月 1 日至 2022 年 12 月 31 日。

包头市区此轮换新前运营的出租车大多为双燃料车，经营者一般"加气"加的是 cng 压缩天然气。如果出租车经营者 2022 年选择将出租车更换为新能源充电式 4 种车型或新能源换电式 3 种车型中的某一种，将车价、税费、保养费用、运营费用等进行对照比较，新能源车的费用更低。

具体情况为：

（1）上一轮更新的出租车桑塔纳志俊车价为 10.5 万元、现代车价为 11.4 万元；本轮更新可供选择的启辰、比亚迪全新秦（寒带出租版）、北汽、长安逸动 4 款充电版车辆售价约为 13 万元，长安逸动、东风俊风和北汽 3 款换电版车辆售价约为 9 万元。

（2）对新能源出租车不但不收取燃油附加税，还免征车船税，车辆保险如果只购买交强险（一年 950 元）、第三者责任险（以 50 万元保额计算费用是一年 1252 元）和车辆损失险（基础保费 1800 元/年加上新能源汽车价格乘以 1.088%）这三项，则保险费每年在 5000~5500 元。

（3）新能源出租车的电机及控制器、电池及管理系统、车载充电设备的质保期限均为一保到底，营运期内保到报废。

（4）新能源出租车每月保养费用按 300 元左右计算，一年的花费为 3600 元左右。

（5）使用期间的电费支出：如果使用新能源充电式出租车，电价约为 0.15 元/千米，按平均一天跑 250 千米估算，一年大约是 1.35 万元；如果使用新能源换电式出租车，电价约为 0.30 元/千米，按平均一天跑 250 千米估算，一年大约是 2.7 万元。

（6）新能源充电式出租车售价约为 13 万元，一年费用大约为 2.26 万元，比加天然气的出租车一年的费用 5 万元节省约 2.74 万元；新能源换电式出租车售价约为 9 万元，一年费用大约为 3.56 万元，比加天然气的出租车一年的费用 5 万元节省约 1.44 万元。

综合考虑车价、更换新能源出租车有补助、出租车使用期间的费用、新能源出租车无须频繁踩离合换挡、新能源出租车减少废气排放等，巡游出租汽车经营者更换新能源出租车是一种不错的选择。

出租车司机对于更换新能源出租车担心的主要问题之一是电池续航能力问题。此次包头市更新的新能源电动车有新能源充电式和新能源换电式两类，可供选择的 7 款车型在 2021 年多次试驾时记录的续航里程数值，在春季、夏季和秋季，新能源电动车续航里程至少在 400 千米以上，在冬季的续航里程则至少在 200 千米以上。冬季的续航里程远低于夏季，使许多出租汽车经营者宁愿放弃新能源车使用期间费用更低的优点，还是选择更换成双燃料车。

充电式电动汽车选择"快充模式"，充电一次约需要耗时 40 分钟；选择"慢充模式"，充电一次约需要耗时 5 小时。换电式电动汽车更换一次电池的时间约为 3 分钟，少于加一次天然气的时间。出租车如果是由单班司机驾驶，可考虑更新为充电式新能源电动车；如果是由两班司机驾驶，可考虑更新为换电式新能源电动车。不过，相对于加一次天然气只需要 3~4 分钟，充电式电动汽车选择"快充模式"充电也需要 40 分钟，使很多出租车经营者不愿意选择更换新能源车。

更新工作开始后，为了满足经营者的运营需求，包头市将加快充电站与充电桩的建设，同步完善车辆充电设施，力争出租汽车便捷充电。为满足更换为新能源汽车的包头市出租车行业经营者的充电、换电需求，包头市人民政府已于 2020 年 12 月 8 日与特来电新能源股份有限公司达成了合作意向并签订了战略协议，包头市交通投资集团有限公司以包头市交通运输局提供的巡游出租汽车更换为新能源汽车的数量为基础，并合理预判增加趋势，加快充电站和充电桩的建设。到 2021 年 1 月底，包头市已建成充电站 16 座，充电终端 310 个（备用 80 个），主要布局位置选择在巡游出租汽车集中停靠点。与此同时，为满足早在 2021 年 1 月已更换为新能源巡游出租车的经营者运营中的充电换电需求，包头市交通投资集团有限公司也采取了一定的应急措施。有的充电站旁边还建设了司机休息室等配套服务设施，为广大新能源出租车经营者提供了等待充电期间休息的场所，可以缓解疲劳、提高工作效率，有利于为广大乘客提供更高质量的出行服务。

包头市交通运输局工作人员介绍，虽然包头市目前已经完成换新的出租车大部分还是更换成双燃料车，但是随着包头市充电桩数量的不断增加，2022 年 4~5 月和 2021 年相比，巡游出租汽车经营者选择更换新能源出租车的比例增加非常明显。相信随着补助的及时发放和充电站、换电站建设步伐的加快，包头市新能源出租车的比例将会进一步增加。

2021 年 2 月 1 日，包头第一辆新能源出租汽车正式办理了注册登记手续，更换了新号牌。包头市出租车换新后，车辆外观一律统一为蓝白相间，新能源出租车车牌为"蒙 BDT××××"，油气双燃料车车牌为"蒙 B××××T"，通过差异比较明显的车牌呈现样式，可以区分新能源出租车与双燃料出租车。据悉，车辆管理所（以下简称车管所）综合业务大厅全部窗口均可以办理出租车注册登记业务。此外，从 2021 年 2 月 2 日起，包头市车管所综合业务大厅还开辟了一条"绿色通道"，专门用来办理新能源出租车的注册登记手续，为更换为新能源巡游出租车的运营者提供更方便、更快捷的服务。

4.1.5 包头市其他单位使用新能源汽车

内蒙古自治区商务厅 2022 年 4 月 25 日公布的《内蒙古自治区消费促进 2022 年行动方案》提出，将加大新能源汽车推广力度，采取的措施有：将内蒙古自治区原定于 2021 年底结束的新能源汽车购置补贴政策延长至 2022 年底；要求采取措施进一步提高党政机关和企事业单位等新能源汽车的购置比例，党政机关、快递物流配送、出租车新购买和更新车辆，新能源车辆所占比例在 30% 以上；环卫新增和更新车辆，新能源汽车配备比例在 10% 以上。包头市公安局早在 2020 年 7 月就购买了 240 台比亚迪新能源汽车，作为警用车辆已投入使用。

作为我国西北地区大型综合型物流产业平台，包钢钢联物流有限公司从 2020 年开始实行运输车辆的绿色化、智能化改造，新能源电动车辆逐步取代传统柴油卡车运输。目前，企业上路运行的新能源电动重卡都实现了在线自动调度，每辆车平均运输距离可达到 300 千米以上，换电站 24 小时运营，全程无人值守。2022 年，包钢钢联物流有限公司将继续新增 500 台电动重型卡车，同时为满足电动重型卡车的充电、换电需求，年内将同期配套建好 17 座快速充换电站，预计每年可减少二氧化碳排放约 5.6 万吨，相当于 374 公顷森林吸收二氧化碳的能力。

按照相关交通运输领域低碳化的行动计划，包头市 2021—2023 年将新增新能源物流车 1236 辆，新能源电动牵引车 150 辆。

4.2　大力发展绿色低碳公共交通

《包头市深入推进交通领域低碳化三年行动计划（2021—2023 年）》（以下简称《行动计划》）正在逐步实施。按照《行动计划》，通过使用公交卡有优惠、增加共享单车投放、十字路口设置交通引导员等多种举措，鼓励和引导市民选择公交、共享单车、步行等绿色出行方式，努力减少私家车年平均行驶公里数，尽力争取到 2023 年城市绿色出行比例超过 70%；每年加大公交运力投入，计划到 2023 年，万人公共交通车辆拥有量达到 12 标台，实现包头市区到固阳县、包头市区到土右旗开通新能源公交线路；通过合理增加共享单车投放量，有效减少燃烧汽油、天然气等化石能源的出行方式，每年大约减少二氧化碳排放 1 万吨；通过加强宣传，推动开展“无车日”等活动。

包头市政府民意调查中心 2021 年上半年进行的关于低碳生活的问卷调查结果显示，66.5% 的受访者认为燃烧汽油、天然气的车辆比新能源汽车会对自然环境造成更多的污染；75.5% 的受访者表示应大力倡导低碳出行，如多乘坐公交车、使用非机动车或步行；53.5% 的受访者表示在平时出行一般采用“公交车”这种出行方式，57.0% 的受访者表示在平时出行一般采用“自行车”这种出行方式，52.9% 的受访者表示在平时出行一般采用“步行”这种出行方式；绝大部分受访者觉得自己或家人做到了出门尽量少开车。

每个居民绿色出行、少开车，对于包头市实现碳达峰碳中和目标确实非常重要。经过测算发现，2015 年包头市公交运输集团首批更新的 460 台新能源车，二氧化碳减排效果明显，在 2016 上半年减排二氧化碳达到 22908 吨。2021 年 6 月，包头市使用中的新能源公交车为 745 台，到 2021 年 11 月，这一数字增长到 771 台，占全市公交车总量的比例提高到 62.5%，接下来，包头市新能源公交车的数量和比例都会不断提高，到 2023 年新能源公交车的比例将达到 100%，让更多包头市民乘坐新能源公交出行。经过测算，从 2019 年 9 月 21 日至 2020 年 9 月 21 日的一年时间，"包头哈啰"实现减少燃油消耗达到 1280 万升，对应的二氧化碳减少排放达到 6019 吨。彼时"包头哈啰"仅仅只占包头市共享单车投放总量的 1/3。2021 年 6 月，包头市共投放了 6.9 万辆共享单车，接下来，将利用大数据更合理地增加共享单车的投放数量和更精准地确定投放位置，计划到 2023 年，包头市投放共享单车的数量将达到 10 万台左右，确保共享单车数量满足群众的绿色出行、低碳出行和方便出行的需求。

减少二氧化碳排放，每个市民的积极参与十分重要。

4.3　调整交通运输结构

相较于铁路运输，当前我国公路运输能源消耗强度高，二氧化碳排放量大。虽然公路运输的运送速度快、机动性强，但我们不能忽略公路运输造成的环境成本——使交通运输体系的二氧化碳排放量逐年升高（温丽雅等，2022）。据测算，道路货运单耗是铁路的 4~5 倍，特别是随着铁路电气化改造的推进，铁路节能技术和管理水平不断提升，铁路运输低碳化发展成效明显（交通运输部科学研究院，2019）。有专家指出，建设绿色交通的首要任务就是优化调整交通运输结构，加快推进大宗货物和中长距离运输的"公转铁"（庄颖和夏斌，2017）。铁路运输中，尤其高速铁路单位周转量的全生命周期二氧化碳排放较之于道路运输和航空运输分别减少 10%~60% 和 46%~73%（袁志逸等，2021）。

虽然按计划推动 2022 年 6 月开工建设包头市大宗矿产品 B 型保税物流园区铁路专用线，但包头市在提高煤炭等大宗货物铁路运输"公转铁"项目建设方面进展有些缓慢，到 2022 年 4 月，包头希铝铁路专运线项目因边角地多、征地费用高等，自 2011 年立项批复以来一直搁置；包头第一热电厂"公转铁"项目因铁路权属等问题，目前仍在可研编制阶段；国储如意铁路满都拉口岸铁路专运线，因重新签订有关协议后正在履行立项审批程序，至今仍未开工。另外，希铝铁路专用线、第一热电厂"公转铁"项目很难在 2022年底前完成，将影响包头市大宗货物铁路运输比例按照《包头市深入推进碳达峰碳中和加快建设绿色低碳城市实施方案》达到 55% 的年度目标的完成。

《包头市深入推进交通领域低碳化三年行动计划（2021—2023 年）》中2023 年应达成的"包头市大宗货物铁路运输比例达 58%，铁路运输量达 0.99亿吨"的目标，如期完成的难度很大。

4.4　优化交通运输方式

交通运输带来的二氧化碳排放约占我国二氧化碳排放总量的 10%。国务院印发的《2030 年前碳达峰行动方案》（中华人民共和国国务院，2021）提出，应加快形成绿色低碳的运输方式。所以，需要以"绿色低碳"为目标推动物流枢纽高质量发展，不断增加绿色物流技术的使用，做到物流基础设施绿色化、物流作业绿色化，鼓励物流枢纽不断增加清洁能源和可再生能源的使用比例，减少二氧化碳等温室气体的排放。通过发展集装箱数字化多式联运，减少粉尘污染和废气排放，也减少二氧化碳的排放。通过建设综合物流枢纽，引导企业不断提高"集中配送"的比例，提高效率、降低能耗、减少二氧化碳排放。

4.4.1 散改集

为落实国家"3060"双碳战略目标，包头市"以政府作主导、企业为主体、科技作支撑"大力推进"散改集"工作，以绿色物流变革电煤传统运输模式。

2021年11月18日，北奔重型汽车集团有限公司与北京汇通天下物联科技有限公司（以下简称G7物联）在包头市签署了战略合作协议。随着G7物联数字甩箱在包头市西部陆港大规模投入使用，G7物联构想的"平台+装备"创新模式也在包头市从设想进入到规模化商业运营阶段。按照北奔重汽集团与G7物联签订的战略合作计划，今后将在包头用370台新能源电动车替代现在剩余的柴油重卡，这批加装G7物联智能硬件的定制化新能源重卡将随着包头市大力实施"散改集+新能源"项目，在包头市以最快速度按计划、分阶段地投入使用。

北奔重汽集团与G7物联通过在包头市电厂推进"散改集"数字甩箱运输模式，在坑口和城区周边设立陆地港作为集装箱转运站，电煤全程实现集装箱运输，通过新能源完成甩箱"最后一公里"到电厂的运输，减少了传统车大量排队怠速所产生的二氧化碳，以此破解电煤物流运输效率低、污染大、城市二氧化碳排放等问题。随着370台新一代新能源电动重卡的投入使用，北奔重汽集团将很好地解决传统车辆的污染问题。应用G7物联的数字甩箱运输模式，干线运输不等待、不排队，极大地提升了运输效率。

包头数字甩箱项目率先在全国创新运用"散改集+新能源"新模式替代原有的柴油重卡煤炭运输方式。目前，已建成投入使用西部陆港和首座纯电动重卡充换电站，已经在华电河西电厂第一热电厂、第一热电厂、希望铝业电厂和包钢试运行，使用范围会进一步扩大至包头市城区 9 家电厂的电煤运输。由北奔重汽集团与 G7 物联联合创新孵化的煤炭物流运输新模式，采用国际最先进的"IOT+物联技术"和"新能源牵引车+共享甩箱"陆港物流运输模式，建立全链条数据化通道，实现煤矿端、电厂端以及供给两端的集约化、数字化、智能化、绿色化、低碳化，开启了包头市推动汽车制造业、煤炭物流业绿色转型的新实践。

包头市九原区数字陆港"散改集+新能源"项目（见图 4-4）在有效减少粉尘污染、尾气排放污染，大幅度提升运输效率、降低运输成本的同时，也能够快速扩大包头市新能源重型卡车的应用市场和相关配套基础设施的建设；对包头市优化交通运输方式、建设"绿色低碳"交通体系起到重要的典型示范作用。

图 4-4　包头市九原区数字陆港"散改集+新能源"项目

4.4.2　网络货运

包头市积极推进"网络货运"新模式、新业态建设，对包头市 75 家重点货运源头单位进行优化，对包头市拥有运输车辆不少于100台的规模以上运输企业进行能耗监控。

2020年11月，在九原（国际）物流园的推进下，促成了包头市货卡电子商务有限公司获颁包头市第一张网络货运道路运输经营许可证。包头市货卡电子商务有限公司是一家主要从事网络平台道路货物运输业务的公司，为北京汇通天下物联科技有限公司（G7物流）的控股子公司，公司所在地是包头市九原（国际）物流园。推广使用"网络货运"这一新模式，将大幅度降低返程货车等待货运订单的时间成本和停车等各种支出，提高了车辆的利用效率。同时也标志着包头市公路货运行业开启了"互联网+货运"的新阶段，下一步将在其他物流园区推广应用。

4.5 推动绿色交通基础设施建设

4.5.1 采用低碳环保材料进行公路建设

国道210线白云鄂博至固阳一级公路、国道110线北绕城一级公路、省道315线托克托至东河一级公路均采用低碳环保材料。例如：在国道110线北绕城项目中部分路段新建路面结构采用胶粉复合改性沥青、部分路段采用包钢工业废渣场钢渣填筑路基进行建设，在省道315线托克托至东河段公路利用电厂粉煤灰填筑路基。经计算，采用低碳环保材料建设这几条公路可减碳约16000吨，同时，为低碳材料建设技术在其他公路建设项目中的推广应用提供了参考。

4.5.1.1　国道 210 线白云鄂博至固阳一级公路

现存的国道 210 线白云鄂博至固阳段，由于年久失修，再加上通车量大，早已不堪重负，亟须重新修建。现国道 210 线白云鄂博至固阳一级公路项目是《国家公路网规划》国道 210 线满都拉至防城港公路中包头市境内的重要组成部分，是满都拉口岸、白云鄂博、固阳通往包头市的重要通道，也是内蒙古自治区和包头市 2021 年、2022 年实施的重点基础设施建设项目。

2020 年 11 月 11 日，内蒙古自治区发展改革委正式批复国道 210 线白云鄂博至固阳段公路工程可行性研究报告，完成立项批复；2021 年 2 月完成初步设计文件编制；2021 年 4 月取得初步设计批复；2021 年 7 月完成施工图设计文件编制；2021 年 9 月取得施工图设计文件批复；2021 年 11 月完成施工招标工作。国道 210 线白云鄂博至固阳段公路工程施工总承包招标公告显示，该项目计划总投资 260147 万元，计划工期 3 年。

本项目路线总体呈北南走向，起点位于国道 210 线白云鄂博铁路桥南侧 4 千米处，顺接国道 210 线满都拉口岸至白云鄂博段，途经点力素、兴顺西、仁太和，终点止于固阳县城西包固一级公路南侧 0.82 千米处，接拟建的国道 210 线固阳至东河段。主线全长 89.409 千米，同步建设固阳北连接线 1.35 千米，全线设固阳西互通立交 1 处。主线采用双向四车道一级公路标准建设，其中起点至仁太和段（63.506 千米）设计速度为 100 千米/小时，路基宽 26 米；仁太和至终点段（25.903 千米）设计速度为 80 千米/小时，路基宽 25.5 米。固阳北连接线采用二级公路标准建设，设计速度为 80 千米/小时，路基宽 12 米。

该项目建成后，将有效改善包头市路网布局，促进沿线矿产及旅游资源开发利用，对进一步优化包头市营商环境、提升综合竞争实力、促进地方经济社会发展等具有重要意义。

4.5.1.2　国道 110 线北绕城一级公路

国道 110 线北绕城一级公路是包头市"十三五"公路规划中的重点建设项目，是内蒙古自治区及包头市重要的东西干道，与京藏高速同属包头市的过境干线。

路线起于包头市西北门回民公墓处，止于国道 110 线与省道 211 青固线交叉处，途经东河、九原、石拐、昆都仑四区，线路全长 26.121 千米，其中新建 22.521 千米，利用旧路改建 3.6 千米。

国道 110 线北绕城一级公路是内蒙古自治区干线公路网的重要组成部分，也是包头市"二环、四纵、八横、十二联"公路网的重要组成部分，承担包头市以北的区间过境交通和市区交通双重功能。为将区间过境货运交通外移，改善城区交通和生态环境，为城市发展预留空间，包头市将新建国道 110 线北绕城公路承担过境交通的功能，项目对包头市北部区域经济发展及重要工业项目的招商引资起到重要的作用。

4.5.1.3　省道 315 线托克托至东河一级公路

省道 315 线托克托至东河一级公路工程是内蒙古自治区干线公路网的重要组成部分，也是列入《内蒙古自治区省道网规划（2013—2030 年）》的重点公路项目。项目的实施对深入贯彻实施西部大开发战略，完善内蒙古自治区省道网，提升内蒙古自治区公路运输大通道通行能力和服务水平，改善区域公路交通运输条件，推进呼包鄂榆经济区和"呼包鄂城市群"发展，促进区域经济社会协调发展具有重要意义。该项目 2017 年开工建设，项目主线全长 94.26 千米，工程投资 217009 万元，资金来源由上级资金、本级资金、企业融资构成。

4.5.2　充电站和充电桩建设

包头市计划 2021—2023 年在完成 220 千米国省干线改扩建项目时，同步新建 4 个服务区和 6 个停车休息区，每个服务区都将配置充电站 1 处和充电桩 6 个，每个休息区平均配置充电桩 4 个；在环城国省干线服务区建设加氢站 3 个，以满足新能源汽车充电、加氢等的需求。包头市还计划到 2023 年在火车站、机场、高速公路服务区、物流园区、公交站场等场所至少建设 3400 个充电桩。

包头市积极推进公交充电场建设。截至 2021 年 6 月，包头市共有公交充电场站 8 座，公交专用交直流充电桩 157 个，计划再新建 5 座，海威新能源公交综合站已开工建设。2021 年 8 月，在昆都仑区恰特公交站新建充电桩 7 个，投资约 210 万元，2021 年 10 月底完工。

2021 年，包头市奥林匹克公园充电场站共建了 10 个充电桩（见图 4-5），其中直流快充充电桩 9 个、交流慢充充电桩 1 个，可同时服务 20 辆车。收费标准是除出租车外 1 度电 1 元，对于在运营的出租车 1 度电 0.8 元。

图 4-5　正在奥林匹克公园充电的出租车

2017 年至 2021 年 9 月，包头市共建成 28 处 192 个充电桩。仅 2021 年 1—9 月，包头市新建成 12 处新能源充电站共 101 个充电桩，分布在昆都仑区、青山区、九原区、东河区以及土右旗。

2022 年，包头市计划新建公共充电桩 400 个，全市党政机关、企事业单位办公区停车场电动汽车充电设施覆盖率达到 50%，鼓励内部充（换）电设施设备向公众开放。

随着越来越多的包头市居民使用新能源汽车，充电成为新能源车主的刚需。包头供电公司将推进公共充电站、充电桩建设列为保障民生的重点项目。公司以"符合小区整体规划、供电能力满足、就近接入"原则为充电桩业务办理客户提供"三零"服务，在包头市逐步增建充电桩，服务居民绿色出行。

为方便客户办理报装接电手续，包头市供电公司优化提升办电便利度，深化应用"互联网+服务"模式，推广 95598 网站、微信公众号、蒙电 e 家 APP、蒙速办等线上办理渠道，客户只需在网上提出申请，一个工作日内，公司党员服务队就会按照约定时间上门进行全程"一对一"跟踪服务。现场查勘、资料审核、装表接电、解答疑问、办理手续……整个过程都由服务队员主动服务，真正实现常用办电"一次都不跑"、业务办理"零上门"。同时，公司出台了《客户用电业务"代帮办"服务实施方案》，代帮客户办理电力工程行政审批等 4 项业务，利用包头市一体化在线政务服务平台"一件事一次办"平台建立"企业用电报装"行政审批程序，实现电力接入工程线上并联审批，大大缩短 10 千伏及以下高低压电力接入工程审批时间。

例如，包头市民王先生 2022 年 4 月在汽车商城选购新能源汽车时，看到了供电公司安装充电桩的有关信息，就按照宣传资料下载并登录了"蒙电 e 家"APP，在线申请办理个人充电桩报装业务。所需材料和证明录入后不到 1 小时，供电公司员工就打电话联系他，约定了上门服务时间。一周后，按照事先约定的时间，供电公司工作人员和小区物业工作人员一同来到王先生楼下的地下车位现场勘查，为他制订装表、接电、装桩"一站式"综合服务方案。3 天后，王先生的停车位上便有了自己的专属充电桩。

截至 2022 年 3 月，包头市供电公司已办理"低压充电桩"项目共计 915 个，其中充换电站 9 个、充电桩 906 个、高压集中充电站 25 个。

下一步，包头市供电公司将进一步精简办理流程，加快通电速度，降低电费成本，打造"充电桩安装绿色通道"。

第❺章

包头市建筑业的低碳发展战略

5.1 包头市建筑业低碳发展现状

国际能源组织（IEA）在其特别报告中指出：建筑将在清洁能源转型中起到非常重要的作用（IEA，2019）。这是因为，按照有关方面在全球范围内的统计，建筑在运行过程中由于耗能而产生的二氧化碳排放占全球二氧化排放总量的近 30%，这其中 2/3 来自快速增长的用电量。若计算生产建筑材料和建筑施工过程中的二氧化碳排放量，那么建筑业二氧化碳排放量约占全球二氧化碳排放总量的 39%。这些数字远高于我国统计年鉴和地方统计年鉴上的相关数据，这与我国的国民经济统计体系并未和国际接轨有关。建筑业的二氧化碳排放不仅包括运行期间因供热、供热水等燃烧煤、油等产生的二氧化碳直接排放，还包括运输建筑材料造成的二氧化碳排放（在我国一般计入交通运输业的二氧化碳排放）、改造或拆除建筑造成的二氧化碳排放等，具体见图 5-1。

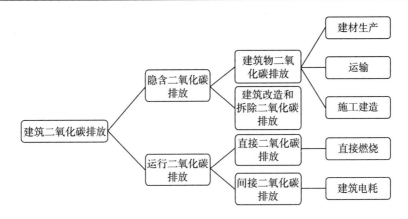

图 5-1 建筑碳排放

资料来源：龙惟定，梁浩．我国城市建筑碳达峰与碳中和路径探讨［J］．暖通空调，2021，51（4）：1-17.

建筑的二氧化碳排放可简单分为隐含二氧化碳排放和运行二氧化碳排放。建筑的隐含二氧化碳排放包括：①生产建筑材料（如钢材、水泥、玻璃、砖、瓦等）或构件造成的二氧化碳排放；②运输建筑材料造成的二氧化碳排放；③施工过程中产生的二氧化碳排放；④改造、装修建筑造成的二氧化碳排放；⑤初期平整土地等和最后拆除建筑造成的二氧化碳排放等。建筑的运行二氧化碳排放包括直接燃烧煤、油等带来的二氧化碳排放和耗电带来的二氧化碳排放，按照用途可分为：①因为供热、供冷、通风和照明等产生的建筑环境能耗；②供水、供配电、电梯和生活热水等建筑公用设施能耗；③办公设备、信息系统和电器等功能性能耗。

近年来，我国制定的建筑节能标准要求不断提高。自 1986 年颁布第一版建筑节能设计标准以来，我国建筑节能工作取得了令人瞩目的成就，在 1980—1981 年住宅建筑通用设计采暖能耗的基础上，建筑节能比例逐渐达到了 30%、50% 和 65%。30 余年时间，我国在建筑节能标准方面陆续颁布了居住建筑节能（五类气候区）、公共建筑节能、农村建筑节能、节能产品等标准规范，形成了比较系统的节能技术体系和标准体系。

新修订发布的《绿色建筑评价标准》（GB/T 50378—2019）自 2019 年 8 月 1 日起实施。按照新版标准规定，绿色建筑项目分为基本级、一星级、二星级、三星级四个等级。

2020 年 6 月，包头市政府印发了《关于进一步加强民用建筑节能和绿色建筑发展的实施意见》，要求包头市新建民用建筑原则上应全部执行绿色建筑标准，而实际上 2020 年新建民用建筑达到绿色建筑标准的仅有 50% 左右。

我国绿色节能建筑的增长速度非常快。2020 年，全国城镇当年新建绿色建筑占新建建筑比例达到 77%，累计建成绿色建筑面积超过 66 亿平方米（丁怡婷，2022）。根据国务院印发的《2030 年前碳达峰行动方案》（中华人民共和国国务院，2021）和 2022 年 3 月 11 日发布的《"十四五"建筑节能与绿色建筑发展规划》（中华人民共和国住房和城乡建设部，2022），"十四五"期间中国将大力推进绿色建筑建设，到 2025 年，城镇新建建筑将全面执行绿色建筑标准。

包头市新建建筑中绿色建筑的比例是低于全国平均水平的。2019 年，包头市通过施工图审查的绿色建筑占新建建筑的比例仅为 40%，获得绿色建筑设计标志和运营标志的绿色建筑不到 15%。

《包头市深入推进建筑领域低碳化三年行动计划（2021—2023 年）》要求，自 2021 年起，包头市新建民用建筑中绿色建筑占比由 50% 扩大到 100%。

包头市 2021 年投资预算 6.7 亿元用于对 119 个城镇老旧小区进行改造，面积约 410 万平方米，涉及 4.94 万户。实际完成投资 9.87 亿元（争取中央和内蒙古自治区专项补助资金 4.18 亿元，地方自筹资金 5.69 亿元），实际完工 209 个项目，面积 569.7 万平方米，惠及 7.26 万户，同时完成既有居住建筑节能改造 268 栋、76.71 万平方米。计划到 2025 年包头市完成既有居住建筑节能改造 100 万平方米。

建筑业的低碳发展战略涉及提高建筑质量、延长建筑寿命，降低建筑材料二氧化碳排放，减少建筑材料运输和施工过程二氧化碳排放，减少建筑改造和拆除中的二氧化碳排放以及降低建筑运行过程中的二氧化碳排放等多个方面（龙惟定和梁浩，2021）。我国《民用建筑设计统一标准》规定，普通建筑和构筑物的设计使用寿命应为 50 年。日本多年前就有学者提出了"住宅寿命 200 年"的建议，认为可以将原来目标设定为 100 年的住宅寿命，通过技术手段延长到 200 年。其中一个原因就是减少二氧化碳排放。我国大多数建筑平均寿命只有 30 年（龙惟定和梁浩，2021）。建筑较短的使用寿命，使隐含二氧化碳排放占比非常高。另外，拆除过程不但会带来大量的建筑垃圾，还会带来大量的二氧化碳排放。所以，城市建设前期一定要科学合理地做规划，避免规划的随意变更。

建筑在更新、节能改造中不免产生建筑垃圾，对此包头市制订了《包头市绿色低碳循环经济发展降碳行动方案》，计划到 2022 年建筑垃圾综合利用率达到 60%。60% 这一数值和我国《"十四五"循环经济发展规划》中"2025 年我国建筑垃圾综合利用率达到 60%"完全一致，但比全国相关规划提早三年，2022 年包头市建筑垃圾综合利用率要想达到 60% 是一个很大的挑战。

下文主要探讨建筑业低碳发展在建筑材料的低碳化和建筑运行的低碳化方面的路径。

5.2　建筑业低碳发展路径探讨

5.2.1　被动式超低能耗建筑

河北省发展被动式超低能耗建筑起步较早，目前在全国处于领先地位。

我国第一座被动式超低能耗居住建筑（"在水一方" C 区 15 号住宅楼）和我国第一座被动式超低能耗公共建筑（河北省建筑科技研发中心科研办公楼）均在河北省建成。

规划建设面积 120 万平方米的高碑店·列车新城是高碑店市普通住宅小区，位于北京、雄安新区双向发展核心枢纽，项目占地约 6.9 平方千米，由龙湖集团控股有限公司、河北奥润顺达窗业有限公司合作建设，将成为全球规模最大的超低能耗建筑社区。之所以会选择在高碑店建全球规模最大的超低能耗建筑社区，是因为高碑店拥有雄厚的工业基础、有被动式超低能耗建筑全产业链基地，为全球最大超低能耗建筑社区的建成提供了有力的保障。

正如日本环太平洋超级城市群中，地处东京、大阪之间的名古屋形成了特殊而厚实的工业基础，地处雄安新区和北京之间的河北省保定市高碑店（县级市）也拥有雄厚的被动式超低能耗建筑产业基础。全球最大的节能门窗生产企业奥润顺达窗业、国内最大的 SUV 汽车制造商长城汽车均在此落户。高碑店市还拥有国内最大的石墨烯生产基地、国内最大的工业锅炉制造基地。此外，首都新发地蔬菜集散、马连道茶叶城等产业也已迁往高碑店市。除防水透气膜和隔水透气膜还主要需要依靠进口外，高碑店市已形成被动式超低能耗建筑产业集群，可以生产提供被动式超低能耗建筑的各种专有部品部件，是河北省唯一具备生产这些专有部品部件的产业集群。据不完全统计，截至 2019 年 11 月底，满足被动式超低能耗建筑标准的产品销售收入为 7.7 亿元，占全国销售总额的 61%，居主导地位[①]。

近零能耗建筑技术在德国发展多年，技术成熟、行业标准完备。由清华大学、中国建筑科学研究院、奥润顺达集团、龙湖集团共同组建的"近零能耗建筑四方研究中心"将持续开展近零能耗建筑技术方面的研究，不断推动我国近零能耗建筑技术的发展，为我国近零能耗建筑技术的运用提供技术

---

① 资料来源：河北省被动式超低能耗建筑产业发展专项规划（2020—2025 年），河北省工业和信息化厅河北省住房和城乡建设厅河北省科学技术厅 2020 年 1 月 13 日联合发布。

指引。

近零能耗建筑技术给居住带来的好处有：

第一，高能效。减少建筑运行期间的温度和能量流失，实现建筑运行期间费用减少约90%，同时显示建筑运行期间降低的二氧化碳排放量。

第二，高舒适。使用被动式超低能耗技术修建的建筑，气密性非常好，关闭门窗时可以隔绝雾霾；运行新风系统可以做到24小时排除二氧化碳，使室内空气清新；室温可以一直保持在20~26℃，空气湿度可以一直保持在40%~60%，人体感觉十分舒适。

第三，高质量。门窗不仅保温，而且隔音性强，可以隔绝室外的噪声，还能同时做到透气；被动式超低能耗建筑的各种专有部品部件持久耐用，可抵抗9级地震；室内管线排布少，空间利率比一般建筑明显要更高。

被动式超低能耗建筑即使在寒冷的北方地区也不再需要安装传统的供热管网和供暖设备，目前被动式超低能耗建筑示范项目建设已覆盖河北省11个设区市和定州市，2021年新开工被动式超低能耗建筑面积161.06万平方米，其中保定市、唐山市、沧州市、石家庄市新开工建筑面积均超过20万平方米。截至2022年2月19日，河北省累计建设被动式超低能耗建筑605.71万平方米，建设规模处于全国领先水平①。

2021年，河北省竣工绿色建筑面积累计达到7211.61万平方米，占新建建筑面积的98.8%，这一数值处于全国领先水平。

《河北省被动式超低能耗建筑产业发展专项规划（2020—2025年）》中指出：到2025年，河北省被动式超低能耗建筑产业实现高质量发展，初步建成全球最大规模的全产业链基地，全产业链产值年均增长25%以上，力争达到1万亿元左右；被动式超低能耗建筑面积年均增长20%以上；市场核心竞争力明显提高，产值超100亿元产业集群达到10个以上；省级以上单项冠军

---

① 宋平. 河北建成被动式超低能耗建筑605.71万平方米［N］. 河北日报，2022-02-19（003）.

企业达到 15 家以上，专精特新企业达到 30 家以上。

河北省被动式超低能耗建筑产业重点发展的产品有：

（1）被动窗。被动窗采用了独特的外挂式安装方式，是由新型节能副框系统、预压膨胀棉、防水隔气膜、防水透气膜和窗台板等多项产品组成的集成系统。被动窗使用的是三层低能耗玻璃，可以做到保温、防水和隔绝噪声。

（2）被动门。被动门是适用于超低、近零和零能耗建筑要求的门，可以保温、隔声、防盗和防火，同时密封性佳，可以通过气密和水密测试。

（3）带热回收与交换的新风系统。可以不间断为室内输送新鲜空气，并具备除霾净化功能，保持室内温度在 20 ~ 26℃、空气湿度在 40% ~ 60%。系统使用电机的平均功耗要小于 100 平方米的建筑，每天耗电量不超过 10 千瓦·时。

（4）石墨聚苯板外墙保温系统。适用于冬季寒冷的地区，具有良好的保温性能。石墨聚苯板含有红外吸收物，可以显著降低导热率。使用石墨聚苯板比使用常见的膨胀聚苯板可减少 20% 的墙体厚度。

（5）防水隔气膜和防水透气膜。防水隔气膜和防水透气膜目前主要还是需要依靠进口。相关企业和科研单位正在加强科学技术攻关，推动防水隔气膜和防水透气膜早日实现国产化。

（6）特种五金。被动式超低能耗建筑使用的特种五金一部分需要进口，因此还需要不断提高国产化率。特种五金的标准是门和窗开启超过 50 万次、框扇间隙小于 0.15 毫米、使用寿命超过 50 年。

（7）被动式门窗专用胶条。被动式门窗专用胶条一部分需要进口，因此还需要不断提高国产化率。被动式门窗专用胶条的标准是在 -40℃ 至 100℃ 的温度范围内均能正常使用。

被动式超低能耗建筑与传统建筑相比，节能效果达到 90% 以上。被动式超低能耗建筑及其关联产业的发展，对于进一步促进建筑节能、降低能耗、降低二氧化碳排放、促进产业转型升级和提高居住舒适度具有十分重要的意义，同时还可以起到拉动内需、扩大消费的作用。

《包头市深入推进建筑领域低碳化三年行动计划（2021—2023 年）》中明确，计划到 2025 年包头市被动式超低能耗建筑占新建建筑的比例力争达到 5% 左右。可以说，相对于河北省，包头市在发展被动式超低能耗建筑方面基础较差，规划和理念需要进步，达到与河北省同样的水平还有很远的路要走。

5.2.2　装配式建筑

装配式建筑是指用预制的构件在工地装配而成的建筑（吕元芳等，2021）。装配式建筑是建筑行业的"绿色革命"。装配式建筑通过标准化设计、工厂化生产、集中装配、集成装饰、信息化管理等，不仅可以减少现场作业、环境污染和能源消耗，也能降低建筑业的二氧化碳排放。

在装配式建筑施工现场，现场拼装的模式不仅大大减少了各类污染物的排放，还能更加合理地配置资源，有效达到节能、环保、高效的效果。装配式建筑与传统建筑方式相比，可实现节能、节水、节材、节地、节员，生产施工过程绿色环保少污染，施工周期仅为传统建筑方式的 1/3 或更短，具有质量可控、成本可控、进度可控等多项优势。

绿色建筑材料近年来日新月异的快速发展，为装配式建筑技术能达到低碳节能的效果奠定了坚实的基础（宋兵，2022）。例如，建筑墙面使用绿色保温材料，如果采用装配式建筑技术而不是传统的建筑施工方式，就可以在发挥材料的绿色保温特性的同时减少环境污染。

当然，和传统建筑施工方式相比较，装配式建筑的施工方式以现场装配为主，可能使施工不安全的风险因素变得更为复杂，无形中加大了施工安全管理的难度。在装配式建筑施工过程中，大量预制的构件需要进行运输堆放，交叉作业较多，施工场地内各种施工因素容易产生时间和空间上的冲突（杨杰，2022）。这就对施工场地的安全布置提出了更高的要求，装配式建筑的施工场地应当更科学合理地规划机械车辆的运行路线、作业区域等。相对于传统建筑施工方式，装配式建筑施工对从业人员的资质也有更高的要求。

2021年，河北省城镇新开工装配式建筑面积2770.37万平方米，占新开工建筑面积的25.85%，其中沧州市、定州市、秦皇岛市新开工装配式建筑占比达到30%以上。在各种装配式建筑中，重点推进钢结构装配式住宅建设。至2021年，河北省已有21处国家装配式建筑产业基地、24处河北省装配式建筑产业基地。另外，河北省还有4个国家装配式建筑示范城市、4个河北省装配式建筑示范县，产业发展基础进一步夯实。

《包头市深入推进建筑领域低碳化三年行动计划（2021—2023年）》中明确，计划到2025年包头市装配式建筑面积占新建建筑面积的比例达到30%左右。这一比例较河北省沧州、定州、秦皇岛等地2021年的比例偏低，和住建部提出的"力争到2025年，新建装配式建筑占新建建筑的比例达到30%以上"这一目标接近。包头市需要从培育生产基地、建立标准部件生产体系、推动形成装配式建筑完整产业链等多方面着手，才能提高包头市装配式建筑面积占新开工面积的比例。

包头市九原区近几年引进了好几家生产装配式钢构件、预制装配式混凝土结构的公司。包头市中尚钢结构有限公司生产的装配式构件，运输到建筑施工现场后，就像造汽车一样造房子。按照传统建筑施工方式，施工时一栋建筑里面常常有数百名工人在同时工作，并且绑钢筋、浇筑混凝土等工序都需要在建筑施工现场完成，不但耗时而且安全措施一定要到位，否则容易引发安全事故。按照传统建筑施工方式耗时起码半年的建筑，如果采用装配式建造的话，只需要少量工人及安装技术人员，最多一个月就能建好。内蒙古华建绿智装配式建筑产业基地项目主要生产预制装配式混凝土结构，项目总投资近6亿元，2021年底已建成投产。

5.3　降低供暖的碳排放

5.3.1　清洁取暖

清洁取暖是指利用天然气、电、地热、生物质、太阳能、工业余热、清洁化燃煤（超低排放）、核能等清洁化能源，通过高效用能系统实现低排放、低能耗的取暖方式，核心是"去散煤、无硫化"。根据相关统计数据，供暖带来的二氧化碳排放占建筑运行期间二氧化碳排放的 70%（居住建筑）和43%（公共建筑）（龙惟定和梁浩，2021），是建筑业低碳化必须要关注的重点问题之一。

清洁取暖不但能大量减少污染物的排放，而且能降低二氧化碳的排放。截至 2020 年底，北方清洁取暖率约达到65%，其中京津冀及周边地区、汾渭平原等重点区域，累计完成散煤治理 2500 万余户。

我国北方地区已有四批共计 63 个城市开展了清洁取暖试点示范工作。项目实施过程基本上由政府主导，企业属于被动参与，用户在被动接受。政府主要考虑成本来选择具体的实施方式，但用户主要考虑运行成本而非清洁程度、舒适性等来决定是否持续使用。因此，让用户用得好、愿意用、持续用才是关键。

近年来，包头市陆续实施了主城区供热燃煤锅炉拆除并网、热电联产扩容、燃煤散烧治理等项目，清洁取暖取得了一定成效。包头市区取暖面积为

1.65 亿平方米，实现清洁取暖面积 1.5 亿平方米，达到 90% 以上①。2019 年 5 月至 2021 年 5 月实施燃煤散烧治理 6.4 万户。

在我国现阶段，解决清洁取暖问题，重点在农村，难点也在农村。在进行了清洁取暖改造的地区，不管是"煤改电"还是"煤改气"，都普遍存在"改而不用"现象。"返煤"是实施清洁取暖试点示范的地市必须重点关注并想方设法解决的大问题。替代煤的供暖方式供暖效果如何、用户是否需要自行操作、操作方法是否安全方便、建筑的保温水平、替代方式的使用价格以及用户的承受能力，都是需要重点关注的要素。如果匹配度低，"返煤"风险就会高。

包头市作为中央财政支持的第 4 批清洁取暖试点 20 个城市之一，2021 年 5 月 31 日，包头市人民政府办公室印发了《包头市 2021 年清洁取暖实施方案》。《包头市 2021 年清洁取暖实施方案》明确提出，到 2023 年，包头市城市建成区、县城和城乡接合部清洁取暖率达到 100%，农村牧区清洁取暖率显著提升，达到 75% 以上。

包头市住房和城乡建设局提出的 2021 年年度计划任务有：城市建成区清洁取暖率达到 90% 以上；新建建筑全部实现清洁取暖；县城和城乡接合部清洁取暖率达到 70% 以上；农村地区清洁取暖率力争达到 40% 以上。但据包头市住房和城乡建设局 2021 年 7 月底统计，包头市燃煤散烧整治工作仅开工 44314 户，于采暖期前完成当年整治目标差距很大。尤其是固阳县，2021 年燃煤散烧整治任务涉及 5850 户，开工率仅为 26.5%。

包头市 2021 年相关补贴发放标准如下：对已解决采暖但未解决生活用气且具备管道天然气改造条件的用户，完成管道天然气改造的按照每户 3000 元发放补贴；居民分户式、集中式煤改电，采用空气源热泵的按每平方米 180 元发放补贴；居民采取生物质取暖的，按炉具购置价格的 85% 发放补贴，但

每户领取的补贴最高不超过 3500 元。

5.3.2 关于"煤改电"的调查

2022 年 4 月，为了了解村民对实施"煤改电"的态度，笔者率调查组对包头市土默特右旗美岱召镇 STG 村开展入户调查。调查对象为冬季采用不同取暖方式的住户。自主设计的问卷，通过实地考察、访谈，邀请村民扫码填写问卷。该村约有 300 户住户，有 20 户于 2020 年秋天进行了"煤改电"，其余的约 280 户，在冬季大约一半用煤炭烧炉子取暖，一半用煤炭烧暖气取暖。美岱召镇 STG 村不属于包头市的近郊农村，村民们说实施"煤改电"的优惠政策比较有限，一个取暖季时间按照 10 月 15 日至次年 4 月 15 日计算，这期间的每晚 8 点至次日 8 点，电费按一度电 0.21 元收取，其余时间（4 月 16 日至 10 月 14 日全天和冬季取暖的 10 月 15 日至次年 4 月 15 日的上午 8 点至晚上 8 点）按照一度电 0.45 元收取电费。进行了"煤改电"的住户家里，会更换一个新的智能电表，智能电表会接入供电局电脑终端，供电局电脑系统可以自动控制，10 月 15 日至次年 4 月 15 日晚上 8 点就自动跳到 0.21 元一度电计费，白天 8 点又自动跳到 0.45 元一度电计费。电脑终端计算出使用的电费并短信通知用户，用户可以选择在手机上用微信、支付宝交电费，不一定非去电业局的营业厅交费。

因为电费优惠力度有限，优惠的年限没有明确通知，而且进行改造的花费需要自行承担，所以即使政府鼓励，该村也只有 20 户自愿将烧煤炭的暖气进行了"煤改电"。将烧煤炭的暖气改造成电暖气，花费为 2000~3000 元。如果将煤炭炉子拆除改为电暖气，需要花费 3000 多元。

一个取暖季，如果用煤炭烧炉子取暖做饭，大约使用 2 吨煤炭；烧煤炭暖气取暖的用炭量略多于用煤炭烧炉子取暖。将煤炭炉子拆除改装成烧煤炭的暖气，基本都是五年前完成的，视房屋面积大小，花费 2000~4000 元。在有补贴的情况下，一个取暖季使用电暖气电费大概为 3000 元。

调查共收回调查问卷 165 份，全部有效。被调查中男性 89 人，占 53.94%；女性 76 人，占 46.06%。被调查者中，18~20 岁的有 10 人，占 6.06%，21~30 岁的有 22 人，占 13.33%，31~40 岁的有 31 人，占 18.79%，41~50 岁的有 29 人，占 17.58%，51~60 岁的有 36 人，占 21.82%，61~70 岁的有 23 人，占 13.94%，71 岁及以上的有 14 人，占 8.48%（见图 5-2）。18 周岁以上各年龄段均有被调查者，31~60 岁的较多。

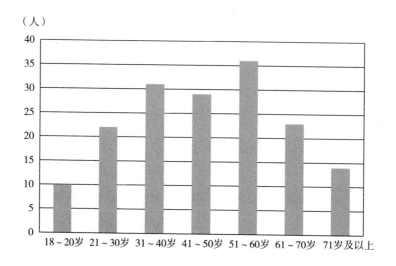

图 5-2　STG 村被调查者年龄分布

被调查者中，冬天用电暖气取暖的有 9 人，占 5.45%；用煤炭烧暖气取暖的有 74 人，占 44.85%，用煤炭烧炉子取暖的有 82 人，占 49.70%。

家里安装了电暖气的 9 名被调查者，关于自愿进行"煤改电"的原因，均选择了"以前家里就安装了烧煤的暖气，改起来不太费事""电暖气比烧煤暖气更清洁"和"电暖气比烧煤暖气更安全"这三项，仅有 2 人选择了"冬天晚上的电费有补贴"这一项。关于"如果冬天没有补贴电费，您家还会改电暖气吗"这一问题，有 7 人选择了"会"，仅有 2 人选择了"不会"。

用煤炭烧暖气的 74 名被调查者，关于"几年前改成烧煤暖气的主要原因"这一问题，有 68 人（占 91.89%）选择了"比烧煤干净"，有 70 人（占 94.59%）选择了"比烧煤安全"。关于"不愿意改成电暖气的主要原因"这一问题，有 74 人（占 100%）选择了"A 改装需要花近 3000 元改装费"，有 67 人（占 90.54%）选择了"B 冬天晚上的电费补贴太少"，有 29 人（占 39.19%）选择了"C 改装比较麻烦"（见图 5-3）。可见，大量使用烧煤取暖的村民不愿主动进行"煤改电"的主要原因是花费高、补贴少。

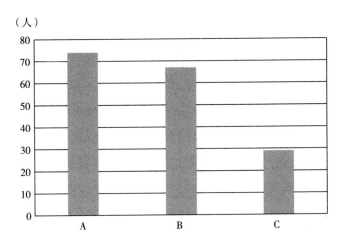

图 5-3　STG 村烧煤暖气用户不愿"煤改电"的原因

注：A 代表"改装需要花近 3000 元改装费"；B 代表"冬天晚上的电费补贴太少"；C 代表"改装比较麻烦"。

用煤炭烧炉子取暖的 82 名被调查者，回答"持续用煤炭取暖的主要原因"这一问题时，有 82 人（占 100%）选择了"A 改成电暖气太贵，觉得不划算"，有 74 人（占 90.24%）选择了"B 电暖气烧不热家，烧到很热比烧煤贵"，有 75 人（占 91.46%）选择了"C 冬天晚上的电费有补贴，但还是觉得贵"，仅有 29 人（占 35.37%）选择了"习惯用炭了，不觉得打炭麻烦"。可见，大部分村民并不是愿意每天打炭，只是受经济条件影响，不愿意"煤改电"。如果改装费用降低、补贴提高，改变冬季取暖方式的村民将大幅度提高。

5.3.3 关于"煤改气"的调查

包头市九原区麻池镇 XWTH 村在主管道通到村里后，于 2020 年 9 月 26 日开始给已经登记的村民安装天然气壁挂炉和天然气燃气灶。天然气壁挂炉和天然气燃气灶的品牌均为中燃宝，天然气燃气灶只有一种款式，天然气壁挂炉分 20kW 和 18kW 两种功率。购买 18kW 功率的天然气壁挂炉和天然气燃气灶收取 1500 元，另外收取安装费 350 元。购买 20kW 功率的天然气壁挂炉和天然气燃气灶收取 2800 元，安装费同样收取 350 元。少部分认为自己房子面积较大或者希望冬天屋子温度更高的村民选择了 20kW 功率的天然气壁挂炉。通天然气主管道等不收取村民费用。各家各户没有铺设地暖管，因为工程量太大，安装的是外露的暖气片。全村住户 3744 户，大约 3444 户在 2020 年 9—10 月开通了天然气。

村委会觉得到每家每户测量房屋面积工作量很大，而且大部分村民的住房面积差别不大，经与村民协商后，将天然气费补贴的标准，由原来的"一个采暖季每户每平方米最高可享受 12 元补贴，其中政府每户每平方米每个采暖季补贴 8 元，燃气公司相应补贴 4 元，每户领取补贴的面积最多不超过 162 平方米"，变更为"采暖季天然气按照 1.32 元/立方米收取，其余时间按 2.06 元/立方米收取"。村民们接受这种变更，认为后者操作和执行起来简便。补贴款由包头市和九原区按 7∶3 比例匹配资金。该项补贴政策暂时按三年期执行到 2023 年 4 月 15 日。

为了让村民们比较容易接受，不像包头市城区安装了天然气壁挂炉的小区天然气壁挂炉和天然气燃气灶分开计费交费，XWTH 村的天然气燃气灶和壁挂炉用一个天然气表按统一价格计费。

在 XWTH 村，如果一家人口不多住一个里外间，2019 年一个取暖季（2019 年 10 月 15 日至 2020 年 4 月 15 日）做饭和取暖大约用 2 吨煤炭。2020

年 10 月 15 日至 2021 年 4 月 15 日使用天然气做饭和取暖，不加电费，消耗 1500 多立方米天然气，天然气费用约 2000 元。虽然按照补贴价收取，但一个采暖季的天然气费用仍超过之前使用煤炭的费用，但是，大部分居民不会再选择烧煤炭，因为烧煤炭太麻烦，不仅需要每天打炭、倒炉灰，而且不如使用天然气干净、安全。

2021 年秋冬季节，煤炭价格大涨，像麻池镇 XWTH 村这样实施了"煤改天然气"工程的村，镇政府并未组织分发平价炭，购买 2 吨炭的价格要接近 3000 元。2020 年秋冬季节，购买 2 吨煤炭的价格约为 1200 元。

2022 年 5 月，就 XWTH 村的"煤改气"实施情况进行了入户调查。通过到"煤改天然气"住户和未改的住户家里实地观看并访谈、面对面请村民扫码填写自主设计的问卷的方式完成。

最终共收回调查问卷 173 份，全部有效。被调查中男性 75 人，占 43.35%；女性 98 人，占 56.65%。被调查者中，18 ~ 20 岁的有 16 人，占 9.25%；21 ~ 30 岁的有 60 人，占 34.68%；31 ~ 40 岁的有 30 人，占 17.34%；41 ~ 50 岁的有 31 人，占 17.92%；51 ~ 60 岁的有 32 人，占 18.50%；61 ~ 70 岁的有 4 人，占 2.31%。

被调查者中，家里取暖和做饭都用天然气的有 124 人，占 71.68%；家里取暖和做饭都用煤炭的有 27 人，占 15.61%；家里取暖用煤、做饭用电的有 22 人，占 12.72%。

进行了"煤改气"的 124 名被调查者，关于愿意使用天然气的原因，41 人选择了"A 烧天然气比烧煤便宜"，80 人选择了"B 省事，不用打炭"，77 人选择了"C 烧天然气比烧煤干净"，27 人选择了"D 不容易买到炭"，39 人选择了"E 因为村里面广泛宣传了"，29 人选择了"F 周围邻居都改用天然气了"。他们平均选择了 2.36 个选项，其中"B 省事，不用打炭"和"C 烧天然气比烧煤干净"应该是主要的原因（见图 5-4）。

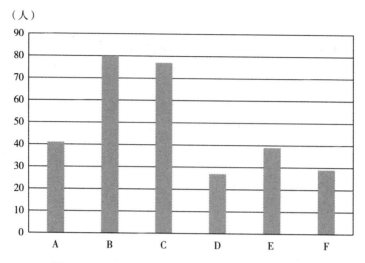

图 5-4　XWTH 村村民愿意进行"煤改气"的原因

注：A 代表"烧天然气比烧煤便宜"；B 代表"省事，不用打炭"；C 代表"烧天然气比烧煤干净"；D 代表"不容易买到炭"；E 代表"因为村里面广泛宣传了"；F 代表"周围邻居都改用天然气了"。

进行了"煤改气"的 124 名被调查者，关于"如果 2023 年冬天开始用天然气没有补助了，您家还会继续用天然气取暖吗"这一问题，有 71 名被调查者选择了"A 继续用"，39 名被调查者选择了"说不好"，14 名被调查者选择了"恢复用炭取暖"（见图 5-5）。如果没有了天然气的补助，不少村民或许会选择"恢复用炭取暖"，坚持使用天然气的比例仅不到六成。

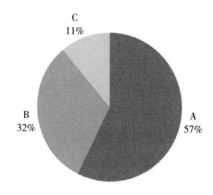

图 5-5　没有天然气补助后是否会继续使用天然气

注：A 代表"继续用"；B 代表"说不好"；C 代表"恢复用炭取暖"。

家里用煤取暖的 49 名被调查者，关于"您家愿意用煤炭取暖的主要原因"这一问题，有 24 人选择了"A 买壁挂炉太贵，觉得不划算"，有 22 人选择了"B 虽然天然气冬天有补贴，但还是觉得贵"，有 29 人选择了"C 不太会操作壁挂炉"，有 32 人选择"D 壁挂炉烧到很热比烧煤贵"，15 人选择了"E 习惯用炭了，不觉得打炭麻烦"（见图 5-6）。可见，大部分冬天还在使用煤炭取暖的村民，并不是觉得打炭不麻烦，而是因为购买和安装壁挂炉至少需要花费 1850 元，且天然气的价格不足以让他们能接受，所以，他们宁愿继续使用煤炭。

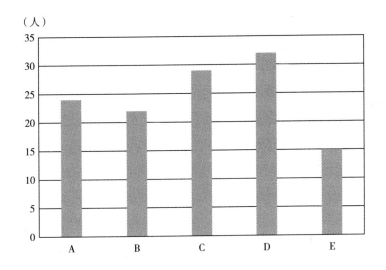

图 5-6　XWTH 村部分村民愿意用煤炭取暖的主要原因

注：A 代表"买壁挂炉太贵，觉得不划算"；B 代表"虽然天然气冬天有补贴，但还是觉得贵"；C 代表"不太会操作壁挂炉"；D 代表"壁挂炉烧到很热比烧炭贵"；E 代表"习惯用炭了，不觉得打炭麻烦"。

2020 年冬天，包头农牧民购买普通煤炭的价格是 600 元/吨左右，2021 年冬天涨到了近 1500 元/吨甚至更高。包头市和各旗县区政府按照内蒙古自治区的部署，把农牧民冬季取暖用煤保障供应作为一项最大的民生工程。各旗县区按照每户 2 吨或每户 2.5 吨的数量给农户牧户发煤,价格为煤矿坑口价格加上实际送煤到户过程中产生的费用,一般不到 500 元/吨。

截至 2021 年 12 月 5 日,在内蒙古自治区 5 个跨盟市农牧民冬季取暖用煤保障的盟市中,包头市率先完成保障任务。包头市昆区、青山区、东河区、九原区、石拐区、土右旗、达茂旗、固阳县 8 个旗县区需发放冬季取暖用煤农牧民 91553 户,需用煤量 23.3 万吨,最终完成发运 23.3 万吨,保障到户100%。根据新闻媒体对东河区沙尔沁镇、东河区河东镇、土默特右旗苏波盖乡、石拐区五当召镇、达茂旗乌克忽洞镇和固阳县下湿壕镇等地的发放"暖心煤"的报道可以看出,包头市还有大量的农村牧区冬季采用烧煤炭的方式取暖,想要全面完成"煤改气",还有相当多的工作需要做。

包头市住建部门、燃气公司、电力公司等单位在完成清洁取暖试点示范的任务之前,应该先调研,科学合理地做规划,不能只考虑工程施工和安装设备的成本,一定要重点关注农户牧户能承受的使用清洁取暖设备的价格,如果远高于燃煤散烧的价格,则是不具有持续性的。在选择技术路线时,也可根据包头风、光资源富集的特点,因地制宜地利用可再生能源,如发展屋顶分布式光伏。

第❻章

包头市采取的相关举措

6.1　减污降碳协同治理

我国的生态环境问题，本质上是高碳能源结构和高能耗、高碳产业结构的问题，大气污染物与二氧化碳排放呈现显著的同根同源性。生态环境部环境规划院副院长在 2022 年 2 月 23 日参加生态环境部举行的例行新闻发布会时说："研究表明，我国主要大气污染物排放源中，几乎所有的 SO_2 和 NO_x 排放源、50% 左右的 VOCs 和 85% 左右的一次 PM2.5（不含扬尘）排放源，都与二氧化碳排放源高度一致。"我国现在面临的状况和许多发达国家不一样，许多发达国家是在已经基本解决了环境污染问题后转入控制二氧化碳排放的阶段，而我国当前面临着既要解决环境污染问题又要完成 2030 年前碳达峰的双重任务，只能实施减污降碳协同治理，对"生态环境保护"和"应对气候变化"工作必须统筹兼顾，不存在一方面的工作比另一方面的工作更重要。对于石油、化工、电力等既需要减污又需要降碳的重点行业，应该统一规划减污和降碳的行动计划，而且这些治理行动很多都是同向同行的。

6.1.1　包头市开展减污降碳协同治理的具体举措

6.1.1.1　推进"无废城市"建设

自 2019 年包头市开展"无废城市"试点工作以来，通过采取优化产业结构、淘汰落后产能、创新工业绿色制造体系、创建无废园区等多种举措，减少固体废弃物的产生量；同时采取推动固废循环再利用、一般工业固废回填废弃砂坑等办法拓宽工业固废的处置渠道。通过"无废城市"建设，促进包头工业经济向绿色低碳转型。2022 年 4 月，生态环境部发布了《关于发布"十四五"时期"无废城市"建设名单的通知》，包头市入选"无废城市"建设名单。包头市通过加强工业固体废弃物的资源化利用、无害化利用，减少了固体废弃物的填埋量，减少了固体废弃物对城市发展的负面影响，推动一般工业固废利用与矿山回填、矿区生态修复协同进行。

内蒙古自治区凡创固体废弃物治理有限公司是一家专业从事固体废弃物资源化处置民营公司，采用城市建筑垃圾、工业废渣、各种尾矿、淤泥等作为原材料，生产环保免烧砖（见图 6-1）。

环保免烧砖可以用作广场透水砖、人行步道砖、护坡砖、盲道砖、植草砖、轻体填充砖、承重地砖和沟渠砖等，具有长期在水中浸泡不散解、不降低强度，耐风化、抗冻融、防渗漏、抗压和抗折性强等特点，而且生产过程无污染。凡创固体废弃物治理有限公司可根据市场、市政或项目需求调整环保免烧砖的长、宽、高，且有多种颜色可供选择。虽然是采用固体废弃物等作为生产的原料，但是生产出来的砖没有异味，检测后符合环保部门各项指标和要求。通过固体废弃物转化制造，替代传统制砖原料，既降低了生产成本，又变废为宝，为包头市工业固体废弃物的处置和利用提供了一套可行的方案。

图 6-1　凡创固体废弃物治理有限公司的生产现场

6.1.1.2　采用数字甩箱运煤炭

包头市作为内蒙古自治区最大的工业城市，煤炭使用量大，仅市区 9 个燃煤电厂每年就消耗燃煤达 4000 万吨。之前，一到冬季用煤高峰期，煤炭需求量大增，运煤卡车数量也随之增加，仅一天就有上万辆运煤卡车进入包头市区，沿路掉煤时有发生，造成十分严重的扬尘污染，运煤主干道南绕城公路更是污染的重灾区，成为环保督察经常通报的对象。2021 年 10 月，九原区"数字陆港"的建成运行，给包头这座重工业城市治理运煤污染开辟了一条可行的途径。

拉煤卡车上以全封闭集装箱装煤，到达九原区"数字陆港"后，吊车将卡车上的集装箱抓起，码放到货物区，然后再抓起另一只空箱放到卡车的拖挂上。这样的卸煤流程用时短，几分钟就能完成，而且污染少，整个场站内干净整齐，几乎见不到煤渣粉尘。

包头"数字陆港"是内蒙古"呼包鄂乌"一体化数字绿色物流新业态的重点基础设施建设项目,由包头市国际集装箱运输有限责任公司投资建设,位于包头市与鄂尔多斯市煤炭运输要道交界处。

这些运煤的集装箱在包头市九原区"数字陆港"被称为"甩箱",具有许多数字化功能。包头"数字陆港"是将海港码头的集装箱模式移植过来用于陆路煤炭运输。每个"甩箱"拥有单独的身份证明——二维码,二维码基于物联技术,在哪里拉的煤,运行到了什么地方,目的地是哪个电厂、哪家企业,场站的监控大屏一目了然;同时,运煤车辆到煤矿拉煤,能够直接扫码结算,非常便捷。

"散改集+新能源"数字甩箱模式可大幅缩减煤矿、电厂两端的排队与运输时长,提高物流效率,同时减少在运输途中的煤粉洒落、尾气排放,有效实现减污降碳。

如果采用传统的柴油卡车煤炭散运模式,煤矿端装煤和电厂端卸煤都需要长时间排队,往返一趟有时需要花费近15小时,一名司机平均一天最多运1趟,不仅效率低下,车辆在两端排队还造成大量的怠速尾气污染。采用数字"甩箱"模式,满载煤炭"甩箱"的卡车陆续驶向场站作业区,待吊车卸载满"甩箱"、装上空"甩箱"后又快速驶离,短短几分钟就完成一辆车的装卸。采用数字"甩箱"模式比采用传统的煤炭散运模式效率提高4倍以上,司机由原来的一天运1趟提升至一天可以运4趟甚至更多。

"数字陆港"以包头九原区华电河西电厂为起点,探索出"1段变3段"的"甩箱"运输新模式。通过在煤矿端、电厂端设置"甩箱"陆港,将一段运输分解成3段。首先是煤矿到煤矿陆港运输,使用短驳车辆将装有煤炭的集装箱运至煤矿端陆港,重箱来、空箱回,循环运输;其次是不间断的干线运输,从煤矿端陆港至电厂端陆港往返无停留;最后是电厂端陆港至电厂卸煤运输,此段所用的卡车也是"绿色"的,是包头本地的北奔重汽集团生产的新能源电动车,每次卸集装箱后,在场站内换一块电池,行驶里程可达

250 千米以上，实现城区路段煤炭运输"零碳"排放。

目前，包头市内华电河西电厂、希望铝业电厂等 4 家大型企业电厂已由"散改集+新能源"数字"甩箱"绿色物流新业态场站提供日常用煤，一个季度接驳电煤达到 90 万吨。同时，电厂还可将煤炭暂存在场站，一旦缺煤，随时可将"甩箱"拉去，将煤卸到抑尘棚里。和以前采用的用柴油大卡车到煤矿拉煤相比，污染大幅度减少。

包头市正在大力推广这种智能高效的电煤运输新模式，充分发挥其对于治理运煤污染的作用。如果包头市区 9 个电厂全部使用"甩箱"，每年可减少低空扬尘颗粒物污染近 4 万吨，包头市的空气质量将会得到进一步改善。减少运煤造成的污染，不仅要用集装箱运输以减少扬尘污染，还要用新能源卡车替代传统柴油运煤卡车来减少尾气污染。一辆传统柴油卡车相当于 150辆小轿车的排污量，新能源卡车则是零污染。九原区"数字陆港"正在加快推进太阳能换电站建设，计划用新能源卡车逐步替代传统柴油运煤卡车。如果将包头全市 1 万多辆柴油运输卡车全部替换为新能源卡车，每年可减排二氧化碳 100 万吨，将有效地推动减污降碳协同增效。

6.1.1.3　推动包头市新恒丰能源有限公司做实现"双碳"目标的先行者

包头市新恒丰能源有限公司是固阳县首个铝电一体化循环经济示范园区，年产 50 万吨电解铝配套 2×350MW 热电联产机组、25 万吨碳素，早在 2011年便投资建设了 200 万吨水泥、水泥窑协同处置固、危废项目。2017 年，随着铝电一体化项目的投建，公司电解铝厂在行业内首创了用湿法脱硫系统加电石渣制浆系统，将集团其他公司氯碱项目产生的电石渣作为脱硫剂用于设备脱硫，不仅无害化处置了危废，同时也节约了脱硫程序的运行成本，在变废为宝的同时，实现了以废治废。自运行以来，其年达标排放平均值远优于国家超低排放标准。

煤矸石是采煤和洗煤过程中产生的固体废弃物，新恒丰能源有限公司创造性地使用煤矸石替代调焦煤掺烧,降低机组煤耗,将煤矸石变废为宝,同时也做到了节能降耗,创造了企业相对优势。2021 年至 2022 年 1 月,燃煤掺烧创新已经帮助新恒丰能源有限公司热电厂成本降低 2000 余万元。

新恒丰能源有限公司水泥项目采用国际先进的窑外分解新型干法水泥生产工艺,配套建设余热发电系统及年产 100 万吨的水泥粉磨系统。2017 年,为响应国家政策及应对市场需求变化,企业主动转型升级,建成了国内首家利用水泥窑协同处置 3 万吨/年电解槽大修渣系统及 3 万吨/年综合类危废的 SMP 系统和液态系统,无公害化处置碳素、电解铝等行业生产过程中产生的废焦油类、固体废弃物、废润滑油类和废酸、废碱等液态危险废弃物。在处置的过程中,公司利用油品中的剩余热值生产优质熟料,减少煤耗的同时也减少了二氧化碳和废气的排放。截至 2022 年 1 月,该系统共处理 5.5 万吨铝灰,综合类危废 2.24 万吨。

新恒丰能源有限公司在热电厂规划阶段就决定使用汽力拖动空压机作为热电厂、电解铝厂、碳素厂气动设备气源使用。公司还停用电解铝厂电动空压机,将其作为备用,以防止因电厂空压机故障导致压缩空气降低而引发其他次生事故。该节能项目的运行,极大地降低了电解铝厂的用网电量,减少了碳排放。

新恒丰能源有限公司热电厂利用自备热电联产机组对外供热,同时对内承担循环经济生产用气。热电厂还将夏季闲置的 1 号、2 号热泵机组进行技术改造,用热泵循环水泵作为水循环动力,与厂外供热系统隔离,形成内部循环,与汽轮机乏汽建立换热,从而分担夏季高温期间主机空冷岛排汽热负荷,降低机组背压,从而降低机组煤耗。

2021 年,公司电解铝厂启动废水收集项目,并新建 1000 立方米废水收集池,用以收集电解铝厂空压站循环水、整流所循环水、普铝循环水生产废水和电解铝厂部分雨水,集中补水至电解铝厂脱硫用水,置换循环水提高水质。设备投运后,每年可重复利用水量约 30 万立方米。热电厂生产过程中产生的所有废水，也经过沉淀处理后，循环利用至输煤系统、脱硫系统及灰渣系统，完全实现污水零排放。热电厂发电机组采用超临界+直接空冷型，降低综合能源消耗量，并开创性地将开式循环冷却塔和闭式循环冷却塔结合，进一步降低水资源消耗。热电厂自投产以来，三大主机各项经济技术指标均已达到同类型机组国内、国际先进水平，二氧化硫、氮氧化物、烟尘等各项环保指标均高于国家超净排放标准。

6.1.1.4 推广华鼎铜业的世界首台套铜冶炼连铸全底吹技术

华鼎铜业的世界首台套铜冶炼连铸全底吹技术实现了节能指标达到行业先进值和超低排放的协同治理，余热供热3万多平方米。

内蒙古自治区包头华鼎铜业发展有限公司在传统炼铜工艺 PS 转炉旧生产线的基础上，利用氧气底吹炉熔炼、氧气底吹连续吹炼炉吹炼、底吹精炼炉精炼全底吹炼铜的工艺技术进行改造，在世界上首创全底吹连续炼铜新技术。2019 年 7 月，此项首创的新技术正式在包头市投产。项目的成功实施，在国内甚至世界铜冶炼行业引起了广泛关注。在全底吹炼铜工艺技术投产之前，二氧化硫排放的标准是低于 150 毫克/立方米；投产后，二氧化硫排放值一直稳定在 10 毫克/立方米以内，远远低于国家标准。

传统工艺熔炼、吹炼、精炼三个炉子为三段生产，三连炉则是在炼铜过程中，通过流槽将 3 个炉子连接起来。而传统的三段生产没有实现连续性一步炼铜，存在的弊端包括以下三个方面：一是对环境产生污染，造成能源浪费，从而制约企业的发展。例如，老工艺在生产中仍然需要行车吊运包子，而包子在吊运过程中，会产生烟气逸散的问题，逸散的烟气又无法收集，从而造成低空污染，产生环境问题。二是存在较大安全隐患。因为包子熔体温度过高，且需要频繁高空运行和输送，稍有疏忽，容易造成安全事故。三是间断性生产。因为制酸系统的二氧化硫烟气量及浓度不稳定，因此生产过程中转化吸收率低，造成尾气排放指标不稳定及生产成本高。新技术最大的优势是实现了连续性一步炼铜，新技术不仅比传统的工艺运行更稳定，而且在节能降耗方面也作用明显。

相对于通过国家环境影响评价审核批准建设新项目，技术改造的资金投入量没有那么大。目前，全世界铜冶炼行业中，有近80%的企业依旧采用传统的PS转炉进行冶炼生产，但是由于转炉生产的能耗高、低空污染大且存在较大安全隐患等，在冶炼行业的未来发展中，采用新技术来破解资源环境制约瓶颈、走绿色发展之路将会是大势所趋。

6.1.1.5 秸秆综合利用

包头市制订了《包头市绿色低碳循环经济发展降碳行动方案》，提出2022年包头市农作物秸秆综合利用率目标保持在90%以上。

包头市农牧局成立农作物秸秆禁烧巡查领导工作小组，深入田间地头开展巡察工作。巡察组在拉网式检查过程中，要求各旗县区农牧区要采取有力措施，拓宽秸秆的利用方式和途径，不仅可以推进秸秆肥料化、饲料化，还可以促进秸秆能源化、基料化和原料化利用，不断提升秸秆综合利用的产业化程度。同时，加大秸秆禁烧力度，做到"白天不见烟，晚间不见光，田间不见斑"，切实保障秋冬季空气质量。一旦发现野外焚烧行为，相关部门要及时制止、及时上报，并对农户进行处罚教育；在加强监督管理的同时还要注意强化宣传引导，通过多种渠道营造禁烧氛围，普及秸秆禁烧与综合利用政策，从源头解决焚烧秸秆导致的环境污染问题。

2021年，包头市的空气质量优良天数历史性地突破了300天，达到了303天，优良天数比例达到了83%，在受罕见多发沙尘天气的影响下，仍较前一年同比增加12天；在全国168个重点城市中，包头市空气质量改善幅度名列第一，PM2.5浓度为30微克/立方米；在全国339个地级城市中，包头市空气质量综合指数改善幅度也同样名列前茅。这些都是包头市减污降碳协同治理效果的体现。

6.1.2　其他省份可供借鉴的经验

6.1.2.1　有机固废制氢

作为重要的清洁能源，氢气有着零排放、零污染、使用安全等优点，但制氢也存在污染大和成本高的问题。浙江省金华市兰溪市浙江凤登绿能环保公司经过多年探索，成功研发了一套"工业有机固废气化及高温熔融资源化高值利用成套技术"，可以把有机固废变成氢气等产品，氢气的纯度可达到 99.999%。经过专业团队测算，制取 1 千克氢气只产生 0.46 千克二氧化碳，生产成本也远低于石油、天然气等化石能源制氢。有机固废经过预处理后，形成达到工艺要求的气化原料，生产出新产品。

如今，凤登绿能环保公司每年能"吃"下近 19 万吨有机固废，主要来自浙江省 1000 多家医药化工企业。原本这些企业需要根据固废类型、数量支付不等的固废处理费，被凤登绿能环保公司接手后，变废为宝，一年能产出 1.6 亿立方米氢气、20 万吨碳酸氢铵和 10 万吨干冰。

凤登绿能环保公司不仅消除了有机固废污染，与用化石能源生产这些产品相比，一年能节煤 5 万吨、节水 8 万吨，减排二氧化碳 16 万吨。

浙江大学化工环保专家表示，这套技术引领了有机废物综合利用行业走向资源循环利用、能源再生的新模式。

目前，凤登绿能环保公司按照 200 千米的辐射半径，已经在宁波、绍兴布局工厂项目。

包头市是否可以引进这项技术，将医药化工企业的精馏残渣、工业污泥等有机固废变废为宝，以比化石能源制氢更低的成本制成氢气呢？

2018—2020 年，从全国 PM2.5 浓度改善的平均贡献来看，散煤治理对 PM2.5 浓度的改善发挥了重要的作用。农村散煤治理对于全国 PM2.5 浓度改善的贡献接近20%；特别是在京津冀、汾渭平原等重点区域，散煤加燃煤锅炉改造对PM2.5浓度改善的贡献达到了40%左右；在秋冬季这一煤炭大量使用的重点时段，散煤治理的整体贡献也可达到20%~30%。

6.1.2.2 实施与减污降碳成效挂钩的财政政策

2022年2月25日，江苏省人民政府发布了《省政府关于实施与减污降碳成效挂钩财政政策的通知》，决定"十四五"期间在全省实施与减污降碳成效挂钩的财政政策。

2021年，江苏省财政以化学需氧量、氨氮、总氮、总磷、氮氧化物、颗粒物、挥发性有机物7项污染物总量作为考核挂钩标的，将碳排放强度作为调节因子，收取各市、县（市）污染物排放统筹资金。

对于空气质量优良天数比率、PM2.5年均浓度、地表水省考断面以上优良比例、城市集中式饮用水水源地达到或优于Ⅲ类比例、单位地区生产总值二氧化碳排放下降率五项指标达到目标任务的市、县（市），各按收取统筹资金总额的10%进行返还，如果是有较大幅度的改善则按收取的统筹资金总额的一定比例进行奖励。返还和奖励的资金必须全部用于生态环境保护与治理。省级净统筹资金用于江苏省以及跨流域跨区域重大生态环境保护项目的支出。

包头市可以参照江苏省的做法，收取各旗县区的污染物统筹资金，完成了年度目标的予以一定比例返还，大幅度改善的给予一定比例的奖励。对于返还和奖励的资金，旗县区政府必须应用于生态环境保护与治理。市级净统筹资金用于包头市大型生态环境保护项目的支出。

6.2　绿色低碳全民行动

包头市于 2021 年 4 月 8 日召开深入推进碳达峰碳中和、加快建设绿色低碳城市动员部署大会，明确要努力把包头打造成为绿色生产生活方式的践行者，努力为我国尽早实现碳达峰碳中和宏伟目标贡献包头力量。

6.2.1　包头市开展绿色低碳全民行动的具体举措

6.2.1.1　开展绿色低碳知识的普及

发挥学校课堂教学主渠道功能，开展绿色低碳知识的普及。从小学一年级到六年级，将环境教育内容融入科学课，每周安排一课时，开展生态环保教育。同时，鼓励和支持旗县区和中小学校根据自身实际和特点，开发围绕生态环境保护教育校本课程。组织引导包头市中小学开展生态环境主题宣传活动和"环保小卫士""少年益行动"等志愿服务活动。将节水、节电、节粮"三节"教育融入日常教育教学和各项活动中。在包头广播电视台的节目和《包头日报》持续开设"全面推进碳达峰碳中和　加快建设绿色低碳城市"专栏，宣传包头市在碳达峰碳中和方面做出的重要部署或重要举措。在包头市各类媒体、新媒体、实地点位展（刊）播文明健康绿色环保主题公益广告。

6.2.1.2　创建绿色学校

根据《包头市绿色学校创建三年行动计划（2021—2023 年）》要求，

按照不低于包头市中小学、幼儿园总数 30% 的创建比例，评选出包头市首批市级绿色学校，并以此为契机，扎实推进包头市绿色学校创建工作，将绿色、低碳、节能、环保的教育理念贯穿始终，组织包头市学校进行垃圾分类试点及推广，不断提升包头市广大师生的环保意识，推动包头市绿色学校创建再上新台阶。目前，包头市已经有 111 所学校完成了"绿色学校"的创建任务。到 2023 年，包头市的高校、中等职业学校、中小学校创建市级绿色学校的比例分别达到 30%、60% 和 80%。

6.2.1.3 持续开展低碳节约型单位创建活动

2021 年，在包头市各级党政机关、企事业单位中开展"低碳节约型机关"建设工作，目标是力争 2021 年底市本级党政机关、企事业单位创建三星级低碳节约型机关达到 20%、二星级低碳节约型机关达到 40%、一星级低碳节约型机关达到 40%。在基本实现 2021 年目标的基础上，2022 年，包头市启动了"绿色低碳引领行动"、"低碳节约型机关创建"、"节约型公共机构示范单位创建"、选拔"公共机构能效领跑者"等一系列示范创建活动，完善包头市示范创建活动指标体系。选取能效利用水平高、单位建筑面积碳排放量低的公共机构，开展绿色低碳示范，充分发挥示范引领作用，旨在 2022 年实现包头市党政机关、企事业单位创建三星级低碳节约型机关达到 30%、二星级低碳节约型机关达到 50%、一星级低碳节约型机关达到 20%。积极组织党政机关、企事业单位申报内蒙古自治区级低碳试点，其中包头市生态环境局东河分局办公楼升级改造项目获批为内蒙古自治区"近零碳建筑试点"。

包头市党政机关、企事业单位为落实能耗总量和强度"双控"目标，通过三年的创建工作努力争取实现人均综合能耗、单位建筑面积能耗、人均用水量等相关指标与 2020 年相比出现明显的下降的目标。

党政机关健全节约能源资源管理制度，提高政府采购中绿色产品的比例，带头采购更多节能、环保、再生、环境友好的绿色产品。包头市党政机关、企事业单位大力推行绿色办公，积极使用可循环可再生的办公用品，继续推行无纸化办公。市党政机关、企事业单位机关内部更应率先全面实施生活垃圾分类制度，发挥好模范带头作用。

市直机关全部实现公共区域 LED 照明，94 家低碳节约型机关创建单位的电动汽车充电桩配备率达到 51%。

6.2.1.4　创建绿色商场

绿色商场是指在安全、健康、环保理念的指导下，坚持绿色管理、倡导绿色消费、节能降耗的商场，不仅购物环境保证达到"绿色、安全、健康"，而且商场的经营内容和管理体系全面考虑环境因素，以有利于保护生态环境和合理使用资源。

九原万达广场创建绿色商场已通过商务部审核，昆区吾悦广场、青山万达广场、维多利摩尔城、东河维多利 4 家已通过初审。截至 2021 年底，九原万达广场、青山万达广场、昆区吾悦广场、维多利摩尔城、东河维多利五家大型商业综合体被商务厅认定为内蒙古自治区绿色商场创建单位，总数位列内蒙古自治区第一（全区共 12 家）。2022 年，包头市指导北京华联包头购物中心、东河吾悦广场 2 家商城完成绿色商场创建工作。

6.2.1.5　开设绿色专区专柜

2022 年计划指导青山万达广场、九原万达广场、昆区吾悦广场各增设绿色产品专区 1 个，指导同利、国美等家电商场设置有节能标志和获得低碳认证的节能减排专区或专柜的地标、路引等引导标识。

6.2.1.6　引导企业和居民选购绿色产品

包头市将加大力度开展家用电器以旧换新，引导绿色节能家电促销活动。2022 年 3 月，包头市商务局等部门出台工作方案。4 月，包头市财政局下拨资金。资金到位后，组织包头市东鸽电器有限公司、包头市同利家电有限责任公司、国美电器有限公司、苏宁易购集团服务有限公司等家电销售企业开展家电以旧换新工作。

6.2.1.7 "零碳"活动

2011年6月11日，包头市以"全国低碳日"为主题的宣传活动在赛汗塔拉公园正式启动，此次活动所产生的碳排放，将通过在大青山南坡新造7.5亩绿植来实现碳中和。这是内蒙古自治区首个"零碳"活动。

6.2.1.8 路灯节能改造

包头市持续实施绿色照明节能改造项目，2022年路灯节电率将达到20%以上。固阳县开展新能源路灯改造项目，计划2022年改造路灯2000余基。

6.2.1.9 "无车日"活动

包头市昆都仑区青年路第二小学通过前期动员、向全校师生发放倡议书、为学生和家长设计"绿色出行记录卡"，于2021年11月迎来了学校首个"无车日"活动。绿色出行记录卡可记录出行的时间、起点、终点、出行距离和绿色出行方式，如果家长没有开车出门，学生便可以记在小卡片上，一个月过后每班将评出"绿色出行之星"。开展"无车日"活动以后，如果早上在离学校门口50多米的家长止步线附近观察，就会发现早上开车的家长少了，骑电动车、自行车的家长多了，不少路途远的学生选择一起拼车到学校，离家近的学生就和父母一起步行上学。2021年是青年路第二小学创建"绿色学校"的第一年，为更好地宣传绿色低碳的理念，青年路第二小学将每周五设为"校园无车日"。通过发放"校园无车日"倡议书，号召有私家车的家庭如果每周一天不开车，不但能为校门口的"治堵"帮把手，还能为提高空气质量贡献一分力量。

6.2.1.10　林草碳汇积分

2022 年 4 月，包头市的全民义务植树活动拉开大幕。包头市林草局与专业机构合作开发的"包林碳"小程序也通过了测试，在包头市义务植树活动中首次推广应用。登录"包林碳"小程序，无论是"组织单位"还是"家庭"或"个人"，都可以选择就近的植树地点。该小程序以"碳汇＋义务植树"开启包头林草碳汇积分激励模式，鼓励引导社会公众通过参与植树造林获取林草碳汇积分，通过抵消碳排放和兑换有价物质实现林草碳汇积分奖励兑现，以娱乐性带动全社会增汇降碳，在包头市形成了绿色低碳、爱护生态、参与生态保护修复的新时尚。

6.2.2　可供借鉴的经验

6.2.2.1　杭州市余杭区"一键低碳回收"

杭州市余杭区商务局牵头开发的"一键低碳回收"应用于 2021 年 12 月正式在"浙里办"APP 上线。这是作为数字经济高地的余杭区，积极推行"互联网＋再生资源回收"模式，为再生资源助力实现"双碳"目标进行的探索。

该应用包括居民端、企业端和政府端。市民可以通过居民端一键下单呼叫"再生资源回收"，再生资源回收企业可使用企业端实现一键点击上门回收再生资源。回收完成以后，利用再生资源碳核算机制，可以测算出不同重量、数量再生资源的"碳减排值"，这些"碳减排值"也会随即出现在居民端和企业端的账户上。无论是旧报纸、纸箱还是空瓶子，居民可通过回收再生资源累积环保金、兑换礼品或直接折现，同时积攒自己的"碳减排值"，查看自己为碳减排做出的贡献；再生资源回收企业则可以将这些"碳减排值"累计起来，出售给需要碳排放指标的生产型企业，同时也完成再生资源的回收和再利用，构建循环经济模式。目前"一键低碳回收"应用已在杭州市余杭区设立回收站点146个，覆盖余杭区25万余户居民，日均碳减排量达90余吨。政府端可一屏显示各镇街、各社区通过再生资源回收产生的碳减排量，实现全区再生资源领域碳排放数据的自动测算、在线监测。该应用不仅在提高再生资源的回收率方面发挥积极作用，而且在提高资源化利用率和无害化处理率方面也有显著作用。据测算，该应用系统每年可为余杭区挖掘6万余吨二氧化碳减排潜力，约等于1.2亿度电，每年可实现碳交易收入240余万元。

打造"一键低碳回收"应用过程中最难的，就是明确生活垃圾可回收物对应的碳减排值。为此，余杭区联合再生资源回收骨干龙头企业和专业机构，将居民生活垃圾可回收物细分为9大类40余小类，科学开发涵盖各类别再生资源的碳减排核算方法学，在全国填补了该领域的空白，便于将再生资源回收的数量、重量与对应的碳减排值进行准确的换算。目前，该方法学已通过专家组评审，正在省级、国家级环保部门备案过程中。

包头市或下辖的旗县区可根据这一方法学原理，将再生资源回收后，根据类别、重量或数量计算出对应的碳减排值。经过几年的试点工作，中国碳排放权交易市场于2017年底启动，全国碳排放权交易市场于2021年7月16日开市，现在在中国，经过认证的碳减排额度成为可以交易的商品。

6.2.2.2 浙江衢州碳账户

浙江省衢州市重化工业占比较高，碳排放量较大。衢州市是浙江省的高碳产业富集地区，碳排放强度是浙江省平均水平的两倍多。相对于浙江省其他地市，衢州市降低碳排放量、降低碳排放强度的压力更大、紧迫性更强。

传统的碳排放数据采集方式难以实现各单位、各企业全覆盖，因此，衢州市政府管理部门以前对各区域、各企业的碳排放数据了解得并不十分精准。

衢州市以碳账户体系建设作为推进碳达峰碳中和工作的重要抓手，有力地推动了当地的绿色低碳社会建设。碳账户体系建设也是衢州数字化改革的一项重要内容。

从 2021 年初开始，衢州市通过安装终端能耗采集设备，实现了对试点的传统高耗能行业部分企业实时采集煤、电、蒸汽、石油、天然气等各种能源的消耗数值。例如，浙江健盛集团江山基地工厂的电表、管道等位置安装了100 多个数据采集器，一旦哪天或某个环节的能源消耗超过预设值，碳账户系统就会发出预警。这样，能源使用量数据采集频率从一年缩短到了 15 分钟，覆盖面也扩大到 1100 多家规模以上企业，并且数据还在不断细化中。这种做法也打破发展改革、经济和信息化、生态环境等部门之间的数据壁垒，让衢州市的碳排放量能计量、可核算。

各家规模以上企业的经营管理者只要打开了企业的"碳账户"——衢州市碳账户管理服务系统，就清楚地知道了企业消耗的煤、电、蒸汽、石油、天然气等能耗和对应的碳排放量，数据一目了然。显然，碳账户已经成为浙江省衢州市各企业管理能耗和碳排放量的最佳工具。

2021 年 11 月底，衢州市发布了工业企业碳账户体系地方标准——《工业企业碳账户碳排放核算与评价指南》。依照该指南，采集煤、电、蒸汽、石油、天然气等数据的标准有了依据，采集到的煤、电、蒸汽、石油、天然气等数据也可转化为碳排放数据，相关的碳排放核查也有据可依了。

在采集能源消耗数据、核查碳排放数据的基础上，衢州市给企业分别贴上红色、黄色、浅绿和深绿四种不同颜色的碳排放标签，从而区分企业的碳排放等级。碳排放标签不同颜色的确定依据的是各个企业的"单位产品产量碳排放强度""单位工业增加值碳排放强度"和"单位税收碳排放强度"这三个指标的达成情况。

碳账户的实施为碳减排提供了翔实的数据基础，尤其是在界定社会各主体的减碳责任、低碳贡献和碳排放权边界方面。碳排放的量是多少？是在哪个环节排放的？该如何降低碳排放？可以降低到什么程度？碳账户为解决这些问题开辟了一条途径。截至 2021 年 12 月，衢州市的碳账户从工业扩展到能源、建筑、交通、农业和居民生活六大领域，数量达到 233.4 万个；衢州市 1110 家规模以上工业企业、97 家能源企业、178 家农业企业、40 家建筑企业、12 家交通运输企业都有了专属碳账户。一条以碳账户为基础，推动高碳产业富集的衢州市低碳转型的与时俱进之路正越走越开阔。

衢州市已经形成农业全生命周期碳足迹核算、居民生活碳足迹核算与低碳行为引导等六大理论方法学，分别对农业种养大户、能源企业、重点公共建筑等进行量化核算、评价贴标。

浙江明旺乳业有限公司成立于 2005 年 7 月，是一家由旺旺控股有限公司（旺旺集团）投资，主要生产灭菌乳、乳制品和含乳饮料的公司。该公司从 2021 年 4—12 月，通过碳账户建设，准确找到了碳减排点，以此为基础调整低效生产线，在实现减排二氧化碳 1655.7 吨的同时，还取得了 230 余万元的经济效益。

国家工业和信息化部公布的 2021 年度绿色制造名单中，浙江明旺乳业有限公司被命名为国家级"绿色工厂"。作为浙江地区唯一一家列入 2021 年度国家级绿色工厂名单的乳制品制造行业企业，明旺乳业的能效管理模式对行业低碳绿色发展起到了示范作用。

衢州市碳账户系统不仅帮助企业自身找到减排点，也为其他企业提供了一个行业坐标。通过对比碳排放水平，找到与低碳企业之间的差距，倒逼企业自主低碳绿色转型。

作为国家绿色金融改革创新试验区，衢州市金融业对低碳用户实行优惠政策。通过对碳账户进行评价，相关的社会主体都会获得一份"碳征信报告"。银行的贷款服务政策增多了一项"碳维度"，相关银行会根据碳账户主体碳减排量，再结合碳账户的贴标结果，靶向配套金融优惠政策。比如，"碳征信报告"好的社会主体，可享受最高提升 1.5 倍的贷款额度和最多 100

基点的利率优惠。

金融的力量直接撬动了社会主体低碳改造的积极性。天蓬集团有限公司的碳账户标签为"深绿"。2021 年 12 月，经江山农商银行评定，天蓬集团有限公司得到了 2000 万元的授信和贷款，这样一来，对企业未来发展影响重大的"零碳牧场"项目的建设资金难题得以顺利解决。"零碳牧场"项目投产后，每年可减少二氧化碳排放 4166 吨。

依托碳账户，衢州市已经开发了"低碳贷""减碳贷""碳融通"等 38 个低碳金融产品，至 2022 年 1 月已累计发放 56.4 亿元贷款。2021 年 8 月至 2021 年底，通过碳账户金融配套支持，衢州市撬动企业投入减排减碳技术改造资金达 46.3 亿元。

应用场景越丰富，碳账户的使用率越高，对降低二氧化碳排放的贡献就越大。通过对传统高碳排放企业的改造，预计衢州一年至少可节省 61.7 万吨标准煤的用能指标。企业使用光伏等清洁能源可以在碳账户里直接抵扣碳排放量，并享受一定的金融优惠政策。2021 年 6 月，浙江健盛集团江山针织有限公司投资 1000 多万元安装了 1.6 兆瓦光伏发电，因此当公司收到用电负荷下调 1000 千瓦的通知时，通过优先使用光伏发电，化解了限电压力。其他没有安装清洁能源设施的企业，在接到用电负荷下调的通知时，可以依据碳账户里记录的每条生产线的用电量、用电效能情况来自主决定关停哪几条生产线，最大限度地保障了企业的生产。

衢州市碳账户的使用范围不断扩大，不仅涉及金融激励政策，而且已经扩展到了税收征管、企业用电指标配额、个人吃穿住行等众多领域。2021 年下半年，衢州市用能预算化管理平台上线，企业可以自由进行用能交易。根据碳账户显示的用能进度，企业及时买卖用能指标，实现能源要素更高效的配置。未来相关的有序用电应用场景将更加丰富，目前已开发的有碳达峰统计监测、碳账户金融、节能降碳一本账、交通碳达峰、碳科技等七个多场景应用。

在个人碳账户的多场景应用方面，如绿色出行、电子缴费等在衢州都可累计积分，并兑换相应奖励。在衢州市柯城区，当地农商银行根据个人碳账户等级评价建立了信贷"绿名单"管理制度。截至 2021 年 12 月，衢州个人碳账户贷款发放已达 4.64 亿元。

碳账户的科学应用还有许多需要研究的课题，比如：针对个人碳信用积分的奖励怎样更加科学合理？奖励过少，难以调动居民积极性；奖励太大，谁来买单？同样，在交通领域，碳排放主体是谁？如何测算这些主体的碳排放？衢州市组建了"双碳"实验室，寻找衢州绿色低碳技术和共性关键核心技术的突破方向，用科技助力碳账户的发展。

6.3　实现碳中和目标离不开碳汇

地球变暖主要是由人类的活动导致的，这已经成为科学界的共识（Jenine McCutcheon et al.，2014）。化石能源等自然资源的大量消耗，使大自然的自我修复能力下降，已无法完全消耗产生的二氧化碳等温室气体，严重威胁到人类赖以生存和发展的生态环境。其最明显的表现就是气候变暖，这将会加速生态系统的破坏、加快生物多样性的丧失（李淑英和包庆丰，2012）。有效应对气候变化，减少二氧化碳等温室气体的排放，需要全世界共同的努力。

中国是《联合国气候变化框架公约》和《京都议定书》的缔约方。按照《联合国气候变化框架公约》和《京都议定书》的规定，产生大量温室气体并向大气排放的过程、活动和机制称为"碳源"，能够大量将温室气体从大气中移除的过程、活动和机制称为"碳汇"。为了控制全球气温升高的幅度，一方面要"控源"，就是从源头上减少碳排放；另一方面要"增汇"，就是将二氧化碳等温室气体固锁在植物、土壤或其他载体中。碳汇根据途径可分为人工碳汇和自然碳汇。人工碳汇指的是将化石燃料燃烧所产生的二氧化碳捕获，然后将其泵入海底、沙漠或陆地下面进行封存（张一心等，2014）。自然碳汇主要包括森林碳汇、草地碳汇、海洋碳汇、湿地碳汇、农田碳汇等（李长青等，2012）。

中美两国领导人在 2014 年 11 月举行的 APEC 会议上就气候变化问题发表了联合声明。在声明中，两国宣布了各自的行动目标。"中国计划 2030 年左右 CO_2 排放达到峰值，并且将努力早日达峰，到 2030 年非化石能源占一次能源消费的比重提高到 20% 左右"（王怡，2014）。2020 年 9 月 22 日，国家主席习近平在第七十五届联合国大会一般性辩论宣布，中国将提高国家自主贡献力度，采取更加有力的政策和措施，力争 2030 年前二氧化碳排放达到峰值，努力争取 2060 年前实现碳中和（胡鞍钢，2021）。这是中国首次提出实现碳达峰碳中和的目标，引起了国际社会广泛关注。

2020 年 12 月 12 日，国家主席习近平在气候雄心峰会上宣布，到 2030 年，中国单位国内生产总值二氧化碳排放将比 2005 年下降 65% 以上，非化石能源占一次能源消费比重将达到 25% 左右（习近平，2020）。中国将坚持走绿色、低碳、可持续的发展道路，致力于将新发展理念融入经济社会发展的方方面面，在经济高质量发展的同时，碳排放强度显著下降，为应对全球气候变化贡献中国力量、提供中国方案。

6.3.1　自然碳汇

面对全球气候变暖，人们除了通过减少使用煤炭等化石燃料、对生产设备进行节能改造、提倡绿色低碳的生活方式等多种途径减少二氧化碳等温室气体的排放外，也在不断想办法将已经产生的大量的二氧化碳通过森林碳汇、草地碳汇、湿地碳汇等方式固定在生物圈中，以及封存于废弃油气田深部、沙漠或海洋。目前，森林碳汇、草地碳汇、湿地碳汇等自然碳汇方式较为安全且成本比较低。相对而言，人工碳汇的成本较高且风险较高。

北京冬奥会是历史上第一个实现了碳中和的冬奥会。北京冬奥会虽然采用了各种举措来减少碳排放，如大量使用光伏和风能发电等低碳新能源、使用绿色低碳的产品等，但依旧无法做到二氧化碳的零排放。碳汇造林项目成为北京冬奥会碳抵消的主要措施。

碳汇造林是指在确定了基线的土地上，以增加碳汇为主要目的，对造林及其林木（分）生长过程实施碳汇计量和监测而开展的造林活动（国家林业局，2010）。内蒙古自治区最早的碳汇造林项目是内蒙古森工集团满归森林工业有限公司于2004年9月开始酝酿组织实施的碳汇造林项目，对火烧迹地形成的无林地和荒山荒地无林地进行造林，2005—2014年共造林13094.72公顷（碳汇林，2016）。内蒙古自治区欧洲投资银行碳汇造林项目2011年7月在通辽市启动（郭洪申和张健，2011），利用欧洲投资银行2500万欧元贷款，人工营造碳汇林31805.7公顷。此外，内蒙古自治区已经实施的碳汇造林项目还有内蒙古自治区科尔沁右翼前旗退化土地碳汇造林项目等多项。

自然碳汇除了碳汇造林以外，还包括草地碳汇、湿地碳汇等。

2021年，包头市自主创新建设"碳达峰碳中和林草碳汇（包头）试验区"，被内蒙古自治区确定为第一个"碳达峰碳中和林草碳汇试验区"，以国有林场、山北草原、黄河湿地等重要生态区域为重点，试验区规划建设22个总面积1550万亩的森林草原湿地碳汇发展片区，其中12个森林碳汇发展片区、5个草原碳汇发展片区、5个湿地碳汇发展片区。坚持"一个片区一套方案"，综合施策、精准增汇。"碳达峰碳中和林草碳汇（包头）试验区"获得了国家林草局、内蒙古自治区林草局的重点支持。包头市林草局编制印发了《包头市深入推进林业草原碳汇三年行动计划（2021—2023年）》《碳达峰碳中和林草碳汇（包头）试验区实施方案》和《包头市森林草原湿地碳汇能力巩固提升行动方案》，明确了林草碳汇试验区建设的总体思路、三个阶段目标和六个方面重点任务。

截至 2021 年 6 月 21 日，碳达峰碳中和林草碳汇（包头）试验区建设各项任务已全面启动，争取的国家、内蒙古自治区资金 3.26 亿元已经到位，实施项目 11 个，完成林草湿地保护修复任务 44133 公顷，为高质量完成全年目标任务打下了坚实的基础。截至 2021 年 11 月 4 日，实施森林、草原、湿地保护修复任务 121333 公顷。初步测算，2022 年包头市森林草原湿地年固碳量可增加 50 万吨，年固碳总量达到 750 万吨。2021—2030 年，包头将再新增森林面积 50 万亩，在原有基础上，森林、草原、湿地的碳汇能力将进一步增强，包头市林草湿地及城市绿地年固碳总量将达到 874 万吨。2022 年 2 月，碳达峰碳中和林草碳汇（包头）试验区被评为"中国改革 2021 年度地方全面深化改革典型案例"，是 90 个地方全面深化改革典型案例中唯一以林草碳汇为主题的案例。

除建设"碳达峰碳中和林草碳汇（包头）试验区"外，包头市在自然碳汇方面的举措还有：

（1）实现林草碳汇信息化。2021 年底，林企合作开发建设的全国第一个林草碳汇综合管理平台——包头林草碳汇综合管理平台上线运行，在内蒙古自治区率先探索开展林草碳汇资产管理开发运营。平台可以对包头市碳汇林建设、自然碳汇发展片区建设、林草碳汇数值核算、碳汇认购、"零碳"活动等进行实时监测，公众通过注册登录这个平台，可以很直观地看到包头市范围内可用于碳汇交易的碳汇储量、储备都在哪个旗县区，可以从哪购买碳汇量。例如，在昆河湿地公园种植了大量的云杉，植树工人给每株树木都挂上了特制二维码标识，树苗的基本信息、后期的成长数据，平台上一目了然。

（2）碳汇示范林建设。包头市新建成碳汇示范林 5000 亩。其中，在青山区、固阳县分别建成面积 2000 亩的碳汇林示范基地，其他六个旗县区分别建成 500 亩以上的碳汇林示范基地。通过不同树种、不同立地、不同管护措施的比较，为碳汇监测提供典型样本。

（3）开展林草碳汇计量监测。首次完成了包头市森林、草原、湿地的生物量、年生长量的调查和固碳特性综合分析，同时与内蒙古农业大学合作开展碳汇监测分析和评估，在青山区碳汇示范林开展对比监测活动，计划三年内建成国家认可、包头自己的林草碳汇计量监测体系。

（4）打造碳汇林企合作新模式。鼓励和引导各类企业特别是工业企业积极参与碳汇林建设，包头市林草局与包钢股份合作在昆都仑区北部生态治理区成功建设了 4500 亩碳汇林。

（5）探索林草碳汇资产管理开发。包头市经研究制订了林草碳汇资产管理开发的具体方案，探寻了不同的经营措施和管理方法，推动了碳汇价值实现机制的建立，做到了真正把绿水青山作为"第四产业"来经营。提前介入并编制完成《包头市造林碳汇和森林经营碳汇评估报告》，为开发林业碳汇CCER 项目、参与国内国际市场交易做好准备。

（6）碳中和市域循环。突出本土特色，包头市在全国率先提出"基于林草碳汇的碳中和市域循环"理念，同时制订了《包头市推进大型活动造林增汇碳中和实施方案（试行）》，积极推行各种通过营造碳中和林抵消二氧化碳排放的"零碳"行动，如"零碳"会议、"零碳"产品、"零碳"机关、"零碳"活动等。

（7）大力开展招商引资工作。包头市经研究制订了《推进林企碳中和合作工作方案》，为企业参与碳中和工作奠定了基础、确定了方向，与智茂园生态科技有限公司达成了合作协议，在青山区建设面积 2000 亩的碳汇林；2021 年与中国林业科学研究院林业研究所、中国农业科学研究院草原所、包头师范学院三所科研院校签署了科研合作协议；与江苏恩提逸农业科技开发有限公司签订了总投资额 3 亿元的合作协议，协议内容为在无立木林地建设15 万亩速生丰产林，目前已经在固阳县和土右旗完成了 5000 余亩的建设任务；与中能氢储有限责任公司、杭州宇驰智能科技有限公司完成洽谈芦竹湿地种植事宜和退耕还林地间种苜蓿事宜，下一步将把洽谈的具体内容落实。

（8）全面推进山水林田湖草沙系统治理。2021 年计划实施营造林 54167 公顷、草原建设任务 67333 公顷，截至 2021 年 6 月 21 日已分别完成 15400 公顷、28733 公顷。目前，包头黄河国家湿地公园和包头昆都仑河国家湿地公园已通过内蒙古自治区重要湿地评审，并被认定为内蒙古自治区重要湿地。下一步通过加强保护工作，争取使两家湿地公园被纳入国家重要湿地名录。此外，国家投资 580 万元的昭君岛和昆河湿地保护修复项目已经开始实施。

（9）组织义务植树。2021 年 1—6 月，包头市组织较大规模义务植树活动近百次，植树超过 250 万株。

6.3.2　人工碳汇

虽然自然碳汇相较于人工碳汇风险成本更低，但是包头市年均降水量不足 400 毫米，同时工业、交通、建筑等行业带来的碳排放量大，仅仅依靠包头市发展林草湿地碳汇无法达到碳中和。包头市各能源、工业企业仍需关注国内国际上人工碳捕集、利用与封存技术的发展与应用，采用人工碳汇手段助力碳中和目标的实现。

碳捕集、利用与封存（Carbon Capture，Utilization and Storage，CCUS）是应对全球气候变暖的一项重要技术，也称为"负碳排放"。CCUS 技术是唯一可能实现大量减少工业流程温室气体排放的手段，受到包括中国在内的世界各国的广泛关注。

2021 年 10 月 25 日，世界气象组织（WMO）发布的《温室气体公报》数据显示，2020 年二氧化碳的全球平均浓度达到了 413.2ppm（1ppm 是百万分之一），这一数值创下了新高。国际能源署的相关研究表明，预计到 2050 年，可以将空气中的二氧化碳浓度限制在 450ppm 以下的所有碳减排技术中，CCUS 的贡献为 9%左右（胡永乐和郝明强，2020）。中国也将 CCUS 作为实现煤炭、石油、天然气等化石能源清洁使用的重要手段（科技部，2013；科技部社会发展司，2013；科技部中国 21 世纪议程管理中心，2019）。

我国 CCUS 方面的研究起步较晚，中国学术界最早于 2006 年的北京香山会议第 276 次、第 279 次学术讨论会上首次提出碳捕集、利用与封存（CCUS）的概念（秦积舜等，2020）。

十几年来，我国 CCUS 各环节新型技术不断涌现：

（1）排放源：高浓度排放源（煤化工、制氢、生产生物乙醇等），中等浓度排放源（石油化工、炼钢等），低浓度排放源（燃气发电、燃煤发电、石油炼化等）。

（2）碳捕集：燃烧前捕集（化学吸收、物理吸收、物理吸附、膜分离等），燃烧后捕集（化学吸收、吸附法、膜分离等），富氧燃烧捕集（常压、增压、化学链等）。

（3）运输方式：罐车运输、陆上管道、海上管道、海上船舶等。

（4）利用与封存：化学利用（重整制备合成气、制备液体燃料、合成甲醇、合成有机碳酸脂、合成可降解聚合物、合成聚合物多元醇、合成异氰酸酯/聚氨酯、钢渣矿化利用、低品位矿加工联合矿化等），生物利用（转化为食品和饲料、转化为生物肥料、转化为化学品和生物燃料、气肥利用），地质利用（强化石油开采、驱替煤气层、强化天然气开采、增强页岩气开采、增强地热系统、铀矿地浸开采、强化深部咸水开采等），地质封存（陆上咸水层封存、海底咸水层封存、枯竭油田封存、枯竭气田封存等）。

运用 CCUS 技术需要特别注重安全性。比如，二氧化碳被人为封存于油气、藏于地质或深部盐水层，安全性当然远远低于二氧化碳被森林、草地吸收，在运输、注入和封存的过程中都有可能发生泄漏，甚至可能还会对生态系统造成不良影响。

CCUS 项目往往前期投资量大、运行成本高、经济风险高。所以，CCUS 项目的可持续性主要取决于是否具有经济性。我国热电厂、水泥、钢铁等的碳排放量大，但对于碳捕集技术而言均属于低浓度排放，如果采用碳捕集技术势必会增加成本。在碳捕集技术方面，相对于燃烧前捕集，我国研发的燃烧后捕集技术更成熟一些。

CCUS 技术的进展并不足以削减碳排放或防止温度显著升高，应对全球气候变暖问题不能依赖 CCUS。

CCUS 是一项新兴产业，虽然我国近年来技术上屡有突破，但就整个产业链而言，目前仍处于研发和示范阶段。

挪威在 1996 年建成了全球首个碳捕集与专用封存商业项目——斯莱普内尔（Sleipner）项目，项目采用将二氧化碳封存在地下咸水深层的做法。目前，该项目由挪威国家石油公司负责运营，碳封存规模达到每年封存 100 万吨二氧化碳。

在中国，商业上成功的 CCUS 项目还不多，形成成熟的商业运营模式还需要突破 CCUS 项目成本普遍较高、关键技术有待突破、收益分享和风险分担的协调机制和行业规范仍未建立等瓶颈。

包头市生态环境局积极对接引进碳捕集利用项目，成立了工作专班，对全国碳捕集、利用与封存方面的技术进行了专门的归类整理和前期调研。2021 年 1 月至 2022 年 5 月，包头市生态环境局先后与北京大学、清华大学等 30 余家领先企业和科研院所进行最新技术和项目对接。CCUS 部分关键技术还处于摸索中，仍存在投资大、能耗高、风险不确定等问题。很多相关项目距离大规模推广仍存在一定距离。目前包头市推动实施碳捕集利用项目 6 个，其中有 3 个项目已完成建设、2 个项目正在建设、1 个项目正在办理前期审批手续，6 个项目全部完工预计每年减少二氧化碳排放约 50 万吨。

已建成项目包括：

（1）包头市远达鑫化工有限公司农用碳酸氢铵项目。包头市远达鑫化工有限公司公司 2016 年与院校合作，发明了二氧化碳与氨水反应生产碳酸氢铵的技术。公司就该项发明技术于 2018 年 4 月 20 日向中华人民共和国知识产权局提出"发明专利申请"，2019 年获得了国家发明专利证书。工艺设备采用传统的碳化工艺设备，主要包括碳化塔等，可以将煤制甲醇或煤制油项目净化工段氨汽提塔排出来的含氨及二氧化碳尾气，全部加以利用生产碳酸氢铵。项目总投资 2075.6 万元，可年产 3 万吨碳酸氢铵，每年新增经济效益 600 万元。环境效益方面，每年可减少 17469 吨氮氧化物、16709 吨二氧化碳、756.5 吨硫化氢的排放。2020 年 12 月，该项目被列入内蒙古自治区低碳项目库。

（2）包头市远达鑫化工有限公司 10 万吨/年食品添加剂二氧化碳扩产项目。该项目总投资 3500 万元，于 2021 年 3 月开工建设，2021 年 11 月实现正式生产。项目利用国能包头煤化工有限责任公司煤制烯烃示范项目的尾气（含高纯二氧化碳）和神华包头煤化工低温甲醇洗排放的二氧化碳气体，经过压缩、净化、冷冻、液化等工序，生产出工业级和食品级二氧化碳。项目的实施将极大地减少二氧化碳排放，形成现代煤化工尾气合理利用的循环经济链条。

（3）内蒙古和百泰能源有限责任公司年产 10 万吨焦炉气制甲醇项目。包头市石拐区 2020 年起将年产 10 万吨焦炉气制甲醇项目列为重点项目。该项目总投资 2.24 亿元，于 2019 年 3 月正式开工建设。该项目以经纬能化有限公司富产焦炉煤气（主要成分是氢气、甲烷和少量的一氧化碳）作为原料，经过初脱硫，再经过压缩、精脱硫、转化、合成、精馏等一系列化学反应，最终得到优等产品甲醇。

在建项目包括：

（1）内蒙古包瀜环保新材料有限公司 10 万吨/年碳化法钢铁渣综合利用项目。2018 年 1 月 26 日，包钢集团和瀜矿环保科技（上海）有限公司合资成立了内蒙古包瀜环保新材料有限公司。全球首套碳化法钢铁渣综合利用产业化示范项目由内蒙古包瀜环保新材料有限公司承担建设，项目总投资 2.3 亿元。一期一阶段项目于 2018 年 8 月开工建设，2019 年 3 月初步实现生产设备单体调试，2020 年起生产线开始试生产，并利用生产出的产品进行实验测试，以逐步探索产品应用的新路径。2021 年 7 月 31 日项目启动实施，正式开工建设，到 2022 年 5 月土建施工已基本完成，正在进行设备安装。

项目生产线主要利用钢铁生产线非常规资源（钢渣、余热蒸汽和排放的二氧化碳），采用美国哥伦比亚大学开发出的全球领先新技术——碳化法钢渣综合利用。该技术是利用化学法将钢渣中钙镁离子浸出，从而将钢渣转换成高纯碳酸钙、铁料等有价值的产品。

该项目以钢铁渣综合利用为主要目的，通过综合处理钢铁渣，减少源头和全生命周期的资源净消耗，实现了废弃物的价值最大化，最终形成高纯碳酸钙及含铁料等，其产品可用于造纸、塑料、涂料、橡胶等多个行业。项目采用的碳化法钢铁渣处理技术与传统生产高纯碳酸钙的技术相比，省去了焙烧工艺，有效降低了二氧化碳排放量，并且碳化法技术可直接将二氧化碳作为原料参与反应，因此该技术具有双重减碳效果。项目采用的是废弃钢渣处理与利用的世界先进技术，对其他钢铁企业解决炼钢后产生的固体废弃物如何循环再利用这一问题，具有重大的借鉴意义。项目建成后，预计每年可处理钢渣 10 万吨、减排二氧化碳 4 万吨，生产过程全部实现零碳排放，对内蒙古自治区和包头市固废钢渣利用和二氧化碳减排可以起到重要的示范作用。

（2）包头市远达鑫化工有限公司蔬菜大棚二氧化碳气肥项目。包头市远达鑫化工有限公司 2020 年起在内蒙古自治区农牧厅的指导下和包头市农业科学研究院合作，大力发展二氧化碳施肥技术。大气中二氧化碳的浓度接近 410ppm，也有气象观测站报告监测达到 419ppm 的历史最高值。温室大棚由于基本不通风，作物生长旺盛时需要至少 1200ppm 的二氧化碳浓度，如果不人为施二氧化碳，根本无法达到。蔬菜大棚内的二氧化碳浓度一般只有 160 ~ 300ppm。监测数据显示，二氧化碳气肥技术可加快番茄、黄瓜、草莓、葡萄等作物的生长速度、提高作物抗病虫害的能力、大幅度提高作物的品质，使产量提高 30% ~ 50%。这一应用已在呼和浩特、赤峰、乌兰察布等地推广，取得了成效。

按照包头市农业科学研究院的试验结果，每亩蔬菜大棚液体二氧化碳的年用量在 3 吨左右，包头市及周边地区的蔬菜大棚按 1.5 万亩计，年用量可达 4.5 万吨。2021 年，远达鑫化工有限公司与包头市农业科学研究院签订了合作框架协议，在包头市固阳县蔬菜大棚内大力推广二氧化碳气肥技术，2022 年开始在东河区推广二氧化碳施肥技术。

处于前期审批阶段的项目：

包头钢铁（集团）有限责任公司与北京百利时能源技术股份有限公司联合成立了包钢低碳发展有限公司，计划投资 5.9 亿元建设 50 万吨级包钢集团 CCUS 一体化示范工程，包括二氧化碳的捕集、利用、驱替和封存。目前，项目的审批手续正在有序推进。

第7章

包头市气候投融资试点建设

气候投融资是指为了国家自主贡献目标和低碳发展目标得以实现，引导和促使更多资金投向应对气候变化领域的投资和融资活动，是绿色金融的重要组成部分（中华人民共和国生态环境部等，2021）。资金支持范围包括减缓气候变化和适应气候变化两个方面。减缓气候变化方面包括：大力发展低排放、高附加值的战略性新兴产业；大力发展风电、光电、氢能等绿色新能源，有序淘汰煤电落后产能；通过碳捕集、封存与利用增加人工碳汇；增加森林、草原、湿地等自然碳汇；等等。适应气候变化方面包括：提高农业、水利、林业和气象、防灾减灾救灾等重点领域的适应能力；提高基础设施应对气候变化的水准；以科技创新驱动气候治理能力的提升；等等。在应对气候变化的工作中，投融资发挥着不可替代的重要作用（李高，2020）。

分析国际上对气候变化项目的资金支持比例来看，减缓气候变化方面的项目资金支持额度要远高于适应气候变化方面的项目资金支持额度。例如，绿色气候基金（GCF）用于应对气候变化的项目资金，只有23%是流向适应气候变化方面的，44%是流向减缓气候变化方面的，剩余33%属于两者均有涉及（张嫄等，2019）。

生态环境部等九部委于2021年12月21日联合下发《关于开展气候投融资试点工作的通知》（以下简称《通知》）。包头市人民政府按照《通知》要求，在大量前期工作的基础上制订了《包头市气候投融资试点工作方案》

《包头市气候投融资试点实施方案》等，积极参与气候投融资试点的申报。

2022 年 4 月 13 日，包头市相关部门参加了生态环境部等九部委组织的应对气候变化投融资试点评审工作，因为包头市气候投融资工作的基础较好、申报工作方案有清晰的目标和原则、申报实施方案具有可操作性，因此最终通过了评审。

7.1 包头市试点气候投融资工作的基础

7.1.1 包头市气候投融资相关工作起步早、基础好

一是包头金融业态齐全。包头市共有银行业金融机构 33 家（见表 7-1），保险公司 40 家（财险 24 家，寿险 16 家）（见表 7-2），权益类交易所 2 家，现货类交易所 1 家，证券公司营业部 25 家，期货营业部 4 家，消费金融公司 1 家，财务公司 1 家，信托公司 1 家，小额贷款公司 23 家，融资担保公司 10 家，典当行 5 家，已形成集银行、保险、信托、证券、期货、担保等持牌金融机构和地方金融组织为一体的、较完备的金融服务体系。二是包头市与全国碳排放交易区域试点之一的深圳市从 2014 年起开展了跨区域碳排放权交易体系建设，在全国率先建立跨区域碳排放权交易体系。三是包头市人民政府早在 2017 年就印发了《包头市构建绿色金融体系实施方案》（包府发〔2017〕97 号），持续引导金融资源向绿色低碳领域和产业配置。要实现 2030 年前碳达峰的目标，仅依靠政府财政资金是不现实的，亟须金融业深度参与并提供气候投融资支持（钱立华等，2019）。

表 7-1 包头市银行机构名录（2022 年 4 月）

序号	银行机构名称
1	中国农业发展银行包头市分行
2	中国工商银行股份有限公司包头分行
3	中国农业银行股份有限公司包头分行
4	中国银行股份有限公司包头分行
5	中国建设银行股份有限公司包头分行
6	交通银行股份有限公司包头分行
7	中国邮政储蓄银行股份有限公司包头市分行
8	上海浦东发展银行股份有限公司包头分行
9	招商股份有限公司银行包头分行
10	中信银行股份有限公司包头分行
11	华夏银行股份有限公司包头分行
12	兴业银行股份有限公司包头分行
13	中国光大银行股份有限公司包头分行
14	平安银行股份有限公司包头分行
15	中国民生银行股份有限公司包头分行
16	渤海银行股份有限公司包头分行
17	蒙商银行股份有限公司包头分行
18	内蒙古银行股份有限公司包头分行
19	鄂尔多斯银行股份有限公司包头分行
20	包头农村商业银行股份有限公司
21	内蒙古呼和浩特金谷农村商业银行股份有限公司包头分行
22	内蒙古土默特右旗农村商业银行股份有限公司
23	包头市南郊农村信用联社股份有限公司
24	固阳县农村信用合作联社
25	达尔罕茂明安联合旗农村信用合作联社
26	包头市昆都仑蒙银村镇银行股份有限公司
27	包头青山河套村镇银行股份有限公司
28	包头市东河金谷村镇银行股份有限公司
29	包头市九原立农村镇银行有限责任公司
30	包头市高新银通村镇银行有限责任公司
31	固阳蒙商村镇银行股份有限公司
32	土默特右旗蒙银村镇银行股份有限公司
33	达尔罕茂明安联合旗蒙商村镇银行股份有限公司

表7-2 包头市保险机构名录（2022年4月）

序号	保险机构名称
1	中国人寿保险股份有限公司包头分公司
2	中国平安人寿保险股份有限公司包头中心支公司
3	新华人寿保险股份有限公司包头中心支公司
4	合众人寿保险股份有限公司包头中心支公司
5	平安养老保险股份有限公司包头中心支公司
6	泰康人寿保险有限责任公司内蒙古包头中心支公司
7	中国人民人寿保险股份有限公司包头市分公司
8	中国人民健康保险股份有限公司包头中心支公司
9	华夏人寿保险股份有限公司包头中心支公司
10	中国太平洋人寿保险股份有限公司包头中心支公司
11	太平人寿保险有限公司包头中心支公司
12	阳光人寿保险股份有限公司包头中心支公司
13	民生人寿保险股份有限公司包头中心支公司
14	富德生命人寿保险股份有限公司包头中心支公司
15	百年人寿保险股份有限公司内蒙古分公司包头中心支公司
16	华泰人寿保险股份有限公司包头中心支公司
17	中国人民财产保险股份有限公司包头市分公司
18	中国平安财产保险股份有限公司包头中心支公司
19	中华联合财产保险股份有限公司包头中心支公司
20	中国大地财产保险股份有限公司包头中心支公司
21	中国太平洋财产保险股份有限公司包头中心支公司
22	大家财产保险有限责任公司内蒙古分公司包头市中心支公司
23	安华农业保险股份有限公司包头中心支公司
24	永诚财产保险股份有限公司包头中心支公司
25	都邦财产保险股份有限公司包头市中心支公司
26	中银保险有限公司包头中心支公司

续表

序号	保险机构名称
27	阳光财产保险股份有限公司包头中心支公司
28	渤海财产保险股份有限公司包头市中心支公司
29	中国人寿财产保险股份有限公司包头市中心支公司
30	国任财产保险股份有限公司包头中心支公司
31	紫金财产保险股份有限公司内蒙古分公司包头中心支公司
32	华安财产保险股份有限公司内蒙古分公司包头中心支公司
33	华泰财产保险有限公司内蒙古分公司包头中心支公司
34	太平财产保险有限公司包头中心支公司
35	泰山财产保险股份有限公司内蒙古分公司包头中心支公司
36	永安财产保险股份有限公司包头中心支公司
37	中航安盟财产保险有限公司包头中心支公司
38	英大泰和财产保险股份有限公司包头中心支公司
39	安盛天平财产保险有限公司包头中心支公司
40	亚太财产保险有限公司内蒙古分公司包头中心支公司

7.1.2　包头市积极创新气候投融资机制，拓宽融资渠道

包头市为引导和鼓励金融业支持生态环境保护和应对气候变化，坚持以"生态优先、绿色发展"为导向推动包头市经济和社会高质量发展，探索建立促进气候投融资的机制，积极打造一批具有示范效应的典型项目带动相关产业发展，提升环境效益。

一是建立应对气候变化专项。2019 年，包头市财政部门投入大气污染防治专项资金共计 22086 万元，其中上级专项资金 12926 万元、市本级资金 9160 万元。二是建立包头市"应对气候变化与低碳发展项目库"，收集了包

头市赛汗塔拉生态园碳普惠景区建设、包瀜环保新材料有限公司碳化法钢铁渣综合利用项目、包头市大型活动（会议）碳中和示范项目等一批具有典型示范意义的低碳项目，截至 2021 年，累计入库项目 48 个，总投资 61.13 亿元，位列内蒙古自治区第一，其中 7 个项目已进入内蒙古自治区"应对气候变化项目库"，入库项目数排名内蒙古自治区第一。三是积极争取财政支持低碳项目建设。2019 年，市财政安排清洁取暖补贴资金 1.46 亿元，新能源公交汽车更新替代资金 6926 万元。四是成功入围国家北方地区清洁取暖示范城市，获得三年 9 亿元资金支持。

7.1.3 包头市已为开展气候投融资创造了良好的条件

一是包头市委、市政府已下发了《包头市深入推进碳达峰碳中和加快建设绿色低碳城市实施方案》；二是成立由市党政主要负责同志牵头的包头市推进碳达峰碳中和建设绿色低碳城市领导小组；三是编制包头市深入推进产业和能源、工业、建筑、交通、林草、农业等领域的低碳化 2021—2023 年行动计划；四是各旗县区和稀土高新区都编制完成了深入推进碳达峰碳中和绿色低碳城市相关领域的三年行动计划。

7.1.4 包头市已进行的气候投融资项目

金融机构是撬动社会资金的最佳杠杆，同时，金融机构也是气候投融资的重要参与者（葛晓伟，2021）。

2021 年，包头市建立了绿色项目融资需求库，引导金融机构提升绿色金融服务效能，累计推送绿色项目 182 个。2021 年，包头市金融机构累计发放绿色贷款 135.75 亿元，同比增长 22%。

2021 年，风电产业贷款增速达 4.3%，光电产业贷款达到历史最高增速

69.7%，为包头市工业园区新能源建设、零碳园区建设和风光制氢一体化等项目建设提供了有力支持。

2021年，在包头市组织的"聚力绿色产业　赋能低碳发展"绿色金融银企对接会上，包头市政府与中国民生银行签署了战略合作协议，中国民生银行为双良硅材料提供项目贷款10亿元，为弘元新材料提供综合授信4亿元。

2021年4月，兴业银行股份有限公司包头分行联合集团成员单位华福证券，成功发行包钢股份"碳中和"绿色公司债券，发行总规模33.8亿元，首期债券发行金额为5亿元，期限5年，这是我国钢铁行业以及内蒙古自治区第一单"碳中和"绿色公司债券。

2021年，中国农业银行股份有限公司包头分行为包钢钢联股份有限公司（以下简称包钢）投放内蒙古自治区第一笔用作碳汇交易流动资金的贷款，金额为900万元。在这之后，中国工商银行股份有限公司包头分行也为包钢发放了一笔用作碳汇交易流动资金的贷款，金额为1000万元，这是包头市金融机构到2022年6月为止金额最大的一笔用于碳汇交易的贷款融资，为包头市各金融机构拓展支持企业绿色低碳转型的业务方面起到了积极的示范带头作用。

2021年，中国工商银行股份有限公司包头分行发放包头市首笔森林资源培育产业贷款6.8万元。

2021年6月28日，包钢和岳阳林纸股份有限公司（以下简称岳阳林纸）签署了一份有关碳汇的框架合作协议，岳阳林纸将向包钢提供不少于200万吨/年的CCER国家核证自愿减排指标，周期不少于25年，提供总量不少于5000万吨CCER减排指标。

2022年第一季度，兴业银行股份有限公司包头分行成功投放第一笔项目前期贷款、第一笔绿色中长期制造业贷款，发放的7000万元贷款用于支持包钢建设全球首套10万吨碳化钢渣工业化利用项目。该项目入选了国家重大项目库和国家CCUS低碳发展项目库。兴业银行股份有限公司包头分行首创

"绿税贷"产品，为某一固废回收企业成功发放 1500 万元信用贷款，有效拓宽了循环经济领域企业的融资途径。

中国工商银行股份有限公司包头分行积极为企业提供绿色信贷支持，仅 2022 年第一季度就为新疆大全新能源股份有限公司、特变电工股份有限公司、内蒙古京能巴音风力发电有限公司等的新能源项目审批发放贷款近 13 亿元。中国农业银行股份有限公司包头分行 2022 年第一季度累计投放绿色贷款 3.3 亿元，截至 3 月末绿色贷款余额达 27.9 亿元。2021 年以来，中国银行股份有限公司包头分行在新能源基地打造方面，已完成对光伏、风电等行业批复 27.8 亿元的授信规模。截至 2022 年 2 月末，中国建设银行股份有限公司包头分行累计为 12 户绿色环保企业提供信贷支持，金额合计 32.57 亿元。

7.2 包头市开展气候投融资试点工作的主要特色

包头市力争通过气候投融资地方试点，将包头市打造成为五个领域的典范。

7.2.1 气候投融资推动传统重工业城市低碳转型的典范

包头市是内蒙古自治区唯一的重工业城市，为我国的经济发展做出了重要贡献，但同时也形成了以高能耗和高碳排放为特征的产业体系和能源结构，包头市实现碳达峰碳中和目标面临的挑战较大、难度较高。开展气候投融资试点将有力推动包头市能源结构清洁化、产业结构低碳化，必将为如包头市一样负"重"前行的传统工业城市低碳转型和实现双碳目标提供实践经验和解决方案。

7.2.2   气候投融资助力可再生能源及产业链发展的典范

包头市可再生能源资源丰富，风能和太阳能资源分别达到 4300 万千瓦和 2800 万千瓦，风力发电每年可利用时间超过 3000 小时，太阳能发电每年可利用天数超过 300 天。截至 2021 年 10 月底，包头市新能源装机量为 623.16 万千瓦（占包头市装机容量的 36.9%），累计发电量为 117.03 亿千瓦·时（占包头市发电量的 17.92%），同比增长 16.18%，其中，风电和光伏发电量分别为 97.3 亿千瓦·时和 19.73 亿千瓦·时，同比分别增长 14.93% 和 22.78%。包头市规模以上工业新能源发电量为 111.0 亿千瓦·时，同比增长 14.7%，占包头市规模以上工业发电量的 16.7%，比上年提高 3.7 个百分点。其中，风力发电量为 97.1 亿千瓦·时，同比增长 15.6%；太阳能发电量为 13.21 亿千瓦·时，同比增长 3.2%。气候投融资试点将有力增强包头市的筹资能力，增加可再生能源及其产业链的资金投入，推动包头市可再生能源装机容量和发电规模的快速增长，并带动整个可再生能源产业链的跨越式发展。

7.2.3   气候投融资支持气候适应和碳汇项目的典范

包头市北邻草原、中有阴山、南依黄河，是我国北方重要的生态安全屏障，地处"北方防沙带"和"黄河重点生态区"（黄土高原水土流失综合治理区），是连接华北地区、西北地区的交通枢纽。然而，包头市生态环境非常脆弱，降水量少且时空分布不均匀，再加上过度放牧、不合理开垦和自然资源过度开采等，包头市的生态环境面临着严峻的挑战，需要解决很多问题，如森林生态系统稳定性差，风蚀、沙化、水土流失现象严重，草地退化严重，水资源短缺等。截至 2020 年底，包头市森林面积为 760 万亩，森林覆盖率为 18.3%，低于国家平均水平；草原面积为 3019 万亩，草原综合植被盖度为

36.58%, 退化草场占草场面积的 69.72%。包头市的生态安全对我国, 特别是京津冀地区防范气候风险具有重要的屏障作用。气候投融资试点将有力支持包头的气候适应项目, 积极开发森林、草原和湿地的碳汇资源, 协同生态补偿等机制, 探索气候适应项目的创新投融资模式和多元化融资渠道, 助力包头市建立更加稳定的北部草原生态系统、中部大青山森林生态系统、南部城市森林及黄河湿地生态系统, 服务于北方生态屏障建设和黄河流域生态保护。

7.2.4 气候投融资促进黄河流域绿色低碳高质量发展的典范

包头市地处黄河中上游分界点, 黄河流经包头市 220 千米, 流域面积 336 平方千米, 作为内蒙古自治区最大的工业城市、我国重要的工业基地, 包头市在黄河流域区位独特、面积广阔、资源能源富集、产业集中, 是内蒙古自治区建设"两个屏障""两个基地"和"一个桥头堡"的重要支撑。包头市已经将建设黄河流域生态保护与建设先行区、黄河"几"字弯都市圈经济中心城市、黄河"几"字弯上的新能源基地和内蒙古自治区向北向西开放战略支点作为包头市推进黄河流域生态保护和高质量发展的战略定位。

7.2.5 气候投融资促进边疆地区低碳高质量发展的典范

包头北与蒙古国接壤, 是国家、内蒙古自治区对外开放的重点发展地区, 是"一带一路"四条线路之一的"中俄蒙经济带"的重要节点。近年来, 包头市主动融入国家"一带一路"倡议和"向北开放桥头堡"建设, 构建起以包头保税物流中心(B 型)、满都拉口岸、国际航空口岸等为支撑的创新开放服务平台, 入选全国商贸物流节点城市。气候投融资试点将有力推动包头市加大低碳和气候韧性基础设施建设, 大力发展跨境电力能源产业, 加强清洁能源和可再生能源的国际合作, 促进新一代信息技术、新材料等领域的共同研发，推动包头市低碳产业和国际贸易的"双提速"，促进边疆地区高质量发展。

7.3　包头市开展气候投融资试点工作的基本原则和主要目标

7.3.1　基本原则

7.3.1.1　政府引导，市场主导

建立健全政策和标准体系，有效发挥政府目标引领、规划驱动和激励约束的作用，创建有利于气候投融资的政策环境和营商环境。充分发挥市场在资源配置中的决定性作用，大力发展技术先进和具有明显气候效益的产业、企业和项目，有效撬动社会资金和国际资本参与气候投融资。加强监测监管和风险防范，严守不发生系统性金融风险的底线。

7.3.1.2　有序推进，重点突破

紧密围绕包头市经济低碳转型和高质量发展的要求，统筹兼顾经济发展和气候效益、短期经济收益和中长期社会效益，把气候投融资贯穿于生态保护、低碳发展和改革创新全过程，全面有序推进气候投融资工作。坚持高起点规划，分行业、分领域、分区域做好金融资源的科学配置和金融要素的合理流动，聚焦重点领域、集中优质资源，打造气候投融资示范项目，重点突破在体制机制上的难点重点问题，促进低碳转型和经济高质量发展。

7.3.1.3 分类施策，精准发力

充分考虑包头的发展现状、产业布局和资源禀赋，坚持问题导向和结果导向，实施具有包头市特色的气候投融资发展路径和模式。针对气候投融资的重点领域和薄弱环节精准发力，推动形成可复制、可推广的气候投融资先进经验和最佳实践。

7.3.1.4 创新驱动，开放合作

紧密围绕特色低碳产业和关键降碳领域，探索气候投融资模式和工具创新，推动气候友好型企业的直接和中长期融资，探索设立包头市气候投融资专营机构。推动包头市气候投融资工作积极融入少数民族和边疆地区开发，鼓励国际金融机构和外资机构为包头低碳发展提供技术和资金支持，探索开展包头市和蒙古国及中亚地区的气候投融资双边合作。

7.3.2 主要目标

7.3.2.1 总体目标

紧密围绕助力实现碳达峰目标和碳中和愿景，以气候投融资创新模式与碳排放权交易和生态补偿等机制有机结合为支撑，以助力包头市气候韧性城市建设和低碳新兴产业聚集为气候投融资的驱动力和着力点，逐步建立健全包头市气候投融资政策体系和标准体系，培育和发展低碳产品和技术市场，在优化产业结构、改善生态环境、应对气候变化和促进高质量发展等方面发挥显著作用，使包头市成为少数民族和边疆地区气候投融资改革创新试验区和示范区。

7.3.2.2　具体目标

（1）气候投融资服务能力显著提升。构建和完善气候信贷、气候证券、气候股权基金、气候保险、碳交易等多元化、多渠道的气候投融资市场服务体系。气候投融资专业服务主体数量快速增长。气候投融资服务能够有效触达生态保护、环境治理、城市建设、产业布局、经济增长、民生改善等各个领域。

（2）气候投融资保障能力有效落实。制定和发布气候投融资评价标准等政策规范，协同运用投资、财政、金融、产业、税收、科技、创新等举措，营造有利于气候投融资发展的政策激励环境。到 2022 年，绿色信贷增量超过上年同期水平，绿色信贷客户数增长超过上年同期水平。到 2025 年，绿色信贷占各项贷款比重明显提高。气候债券、气候股权融资等直接融资规模呈逐年增长趋势。设立总规模达到 100 亿元以上的应对气候变化的各类基金，用于支持产业低碳转型升级、新能源开发、协同减污降碳等建设。统筹整合各类资金，每年用于气候投融资试点建设的资金不少于 3 亿元。

（3）建设碳达峰碳中和的先锋城市和模范城市。低碳产业竞争力提升，形成一批具有领先优势的低碳产业，使化石能源清洁化、清洁能源规模化、多种能源综合化、终端能源再电气化水平得以全面提升，新能源装机占比达到 50%以上；以科技创新为支撑，不断提高碳捕集、封存和利用水平，把包头市打造成为能源生产方式变革的领跑者、能源消费方式变革的改革者、绿色生产生活方式的实践者，积极推进碳达峰碳中和的各项工作。

（4）气候投融资试点示范初见成效。区域和国际气候投融资合作务实有效，基本形成围绕碳达峰目标和碳中和愿景的投融资政策体系、系统响应、试点示范、制度规范和金融创新，建成具有影响力的气候投融资区域中心，成为推动区域应对气候变化的重要力量，形成一批可复制、可推广的经验做法和典型案例。

7.3.2.3 分阶段目标

（1）2021—2022 年，以建立健全气候投融资政策体系和保障机制为主要抓手，成立包头市推进气候投融资工作领导小组，编制气候投融资政策体系和标准体系，发布包头市气候投融资项目标准并建立国家自主贡献项目库，起草包头市气候友好型企业标准并组建气候友好型企业名录，设立气候投融资基金。

（2）2023—2024 年，以气候投融资促进具有包头特色的低碳产业布局为抓手，通过金融模式和机制创新，促进包头的新兴产业聚集、传统产业低碳转型、城市和基础设计建设可持续发展，形成针对不同产业的特色金融服务产品和方式。

（3）2025 年，气候投融资工作初具规模，形成一批高质量的低碳企业、低碳产业和低碳项目，打造低碳高科技产业基地和工业园区，龙头骨干企业制订和实施碳达峰和碳中和规划。国内外气候投融资专营机构入驻包头市，形成低碳产业和金融机构互相促进的良性循环模式。包头市的气候投融资对碳达峰碳中和目标的支撑作用凸显。

7.4 包头市气候投融资试点建设下一步的工作内容

7.4.1 构建国内一流的气候投融资政策体系和营商环境

7.4.1.1 建立包头市促进气候投融资发展的领导和工作机制

（1）成立"包头市推进气候投融资工作领导小组"，由包头市委市政府主要负责同志担任组长，各相关分管副市长担任副组长，相关职能部门为成员单位。

（2）领导小组定期研究气候投融资发展中的重大问题，协调解决工作推进中的困难。各成员单位建立分阶段推进和年度报告制度，定期归纳总结经验，跟踪监测和通报各项改革任务进展情况。

7.4.1.2 推动构建国内一流的气候投融资政策体系

（1）根据包头市碳达峰实施方案，编制《包头市气候投融资试点工作方案》，协同推出促进气候投融资的气候能源、生态环境、财政金融、产业发展、科技创新、城市规划等相关政策，探索建立贴息补助、风险分担、人才引进等气候投融资激励机制，明确部门责权，完善协调机制，形成政策合力。

（2）鼓励包头市所辖各旗县区和稀土高新区因地施策，出台相应配套政策和创新机制，保障气候投融资政策的有效实施。

（3）成立包头市气候投融资专家咨询委员会，邀请国内外金融、气候投融资领域的专家对包头市气候投融资工作开展评估评价和提供政策建议，建立气候投融资工作定期总结和动态完善机制。

7.4.1.3 打造国内先进的气候投融资营商环境

（1）壮大新型市场主体。充分发挥具有较强市场竞争力和规模优势的龙头企业的引领带动作用，培育一批具有自主创新能力和国际竞争力的低碳骨干企业。挖掘和培育创新低碳技术，形成一批发展前景好、市场占有率高、拥有自主知识产权的中小企业。

（2）优化气候投融资营商环境。常态化发布推介项目清单，不断完善招投标程序监督与信息公示制度，保证民营企业公平参与节能环保、绿色低碳等领域的基础设施和公用事业项目建设。依法保障和优先考虑气候投融资市场主体在土地供给、政府采购、招标投标、申报审批、资质认定、税收优惠等方面的需求。

7.4.1.4 全面提升包头市的气候治理能力

（1）紧密围绕碳达峰碳中和目标，高质量完成《包头市"十四五"应对气候变化规划》《包头市碳达峰实施方案》等编制工作。

（2）建立气候投融资指标体系，将应对气候变化目标和举措纳入包头市的城市建设、产业布局等各项规划，并根据指标体系测算各规划中的减排潜力、资金需求和资金来源。

（3）加强包头市气候资金融资和管理能力，研究出台支持气候投融资的财政专项工具，遵循地方政府专项债券发行的条件探索发行应对气候变化的地方政府债券。

7.4.2 大力扶持和培育气候友好型产业和企业

7.4.2.1 优化低碳产业布局

加快制造业低碳转型，有序淘汰高排放产能，全面推进清洁生产，确保包头传统产业步入友好型发展道路。

（1）加快制造业低碳转型，有序淘汰高排放产能。全面完成国家和内蒙古自治区节能减排任务指标，提升产能置换空间，大力推动包头市黑色金属、有色金属以及电力、热力的生产和供应等主要高排放产业的替代、升级和改造。建设智慧能源管理控制平台，科学监测和逐步降低碳强度，有效落实国家强制性能耗标准。探索将碳排放纳入企业环评，严格执行能源消费强度和总量双控目标。依法淘汰落后工艺技术以及生产设备，加快推进高能耗、高污染企业的技术改造。

（2）大力发展绿色低碳产业，积极打造绿色低碳产业示范基地。综合考虑碳达峰碳中和的实现路径和包头市现有产业结构，加强风能、光伏、核能、氢能、储能、钢铁、铝、建筑、新能源汽车等产业链的研发生产和战略布局。重点和优先发展包头市可再生能源、可再生能源产业群、由可再生能源提供动力生产的产品。积极发展风光氢储一体化清洁能源基地与"制—储—运—用—贸易"氢能全价值链产业。可持续开发和利用稀土资源。依托包头市新材料产业基地，重点研发和投资引进新型高压储氢罐、复合材料输氢管道等关键技术。促进产业由生产型制造向服务型制造转变，推动产业绿色转型。优化产品结构，鼓励企业积极开发高性能、高附加值、低消耗、低排放的绿色设计和产品。

（3）推动绿色化、低碳化、现代化的产业园区建设。进一步加大园区集中供热、固废渣场、污水处理厂等基础设施的建设力度，健全完善各工业园区基础设施，提高园区绿色能源和可再生能源的使用比例，搭建信息基础设施和公共服务平台。推进园区内企业间通过废物交换利用、能量梯级利用、废水循环利用等方式发展循环经济；通过延伸产业链，实现项目间、企业间、产业间首尾相连、环环相扣、物料闭路循环，提升园区的集聚承载力。按照各园区定位和低碳产业发展重点，推动项目、资金、人才、技术等要素向园区集聚，吸引企业和重点项目落户园区。

（4）全力抓好碳达峰碳中和科技支撑工作。开展大规模储能、氢能以及碳捕集、封存与利用等前沿技术的科技攻关，并尽快实现这些科技成果的推广和应用，实现产业与科技的深度融合发展，并取得明显成效。大力发展低碳绿色产业，在冶金、稀土、化工等重点领域大力推广人工智能、数字化节能减排和工业脱碳技术，加大纯电动、氢燃料等新能源重卡、乘用车整车及关键零部件的开发力度，壮大新能源汽车产业，发展充电桩设备设施建设，实现低碳交通运输。此外，加快研究和推广集约高效供能、降低碳捕集成本和提高二氧化碳高附加值等的技术，并促进技术的转化和利用。

（5）大力提升包头市的碳汇能力。实现碳中和目标离不开森林碳汇、草原碳汇和湿地碳汇等自然碳汇。坚持先行先试，勇于创新、敢于探索，下大力气建设好碳达峰碳中和林草碳汇（包头）试验区，实现林草碳汇能力明显提升、生态产品价值得以显现，形成因地制宜、可持续的林草碳汇模式。统筹森林、草原、湿地综合治理和一体化保护修复，综合提升包头市自然生态系统整体碳汇能力。以包头市国有林场、重要湿地、山北草原为主阵地，建设 12 个森林碳汇发展片区、5 个草原碳汇发展片区、5 个湿地碳汇发展片区。充分利用包头市现有的退化林、无立木林地、困难林地，规划建设碳汇林。积极推进"零碳"会议、"零碳"活动等"零碳"行动。完善森林碳汇、草原碳汇和湿地碳汇的计量监测体系，以市场化手段开展林草碳汇资产管理、开发与运营，推动多元化、最大化实现包头市森林碳汇、草原碳汇的价值。

7.4.2.2 推动包头市企业尽早实施碳达峰碳中和战略

（1）积极提出并全力抓好"包头市气候友好型企业"行动倡议，制定和发布包头市气候友好型企业评价关键绩效指标，鼓励包头市龙头骨干企业开展碳达峰和碳中和规划研究和论证，公开承诺碳达峰和碳中和量化目标，推动企业制订碳达峰和碳中和的时间表、路径图和具体行动计划，不断降低生产碳强度，创建一批具有全国影响的"气候友好型企业"。

（2）制定《包头市气候友好型企业评价标准和认定办法》，采取气候友好型分类贴标等方式，对相关企业进行综合评价。基于相关法律法规、地方政策、发展规划、产业政策，从技术先进性、资源环境绩效水平、资源环境合规风险等级、资源环境管理状况及信息披露等多个维度，建立分层次的评价指标体系。

（3）基于《包头市气候友好型企业评价标准和认定办法》，创建"包头市气候友好型企业名单"，帮助金融机构科学、精准、快捷地进行气候友好型识别，精准扶持气候友好型企业和项目。

7.4.2.3　建立包头市高质量自主贡献项目库

（1）对标国家自主贡献项目库建设的标准和要求，建立包头市国家自主贡献项目库，挑选和培育具有显著气候效益（贡献于碳达峰碳中和目标及国家自主贡献项目库）和先进低碳技术、兼顾经济效益和社会效益的项目入库，实时更新、动态管理，规范入库项目退出机制，制定项目库管理办法，细化规范包头项目库的建设和运行方式。

（2）建立包头市国家自主贡献项目线上对接平台，将入库项目信息与各金融机构和机构投资者实时分享，鼓励金融机构对入库项目提供更加便利和优惠的融资服务。

（3）培育入库技术创新项目的成果转化示范应用，积极利用财政、税收、金融、产业、科技等政策工具，增强企业的绿色低碳技术创新主体地位，壮大绿色低碳技术主体创新能力。建立包头市绿色低碳技术创新网络、创新平台和技术库，形成包头市绿色产业知识产权池（专利池）。打造并完善绿色低碳技术转移转化市场交易体系，探索设立区域性的绿色低碳技术知识产权和科技成果交易中心，和绿色投资基金、绿色银行专营机构、绿色低碳节能环保产业紧密结合，提高绿色低碳技术转移转化效率。

7.4.3　大力推动气候投融资工具、模式和机制创新

7.4.3.1　建立和完善促进气候投融资创新的基础设施

（1）在风险可控、商业可持续的原则下有序推进气候投融资工作，鼓励金融机构在包头市先行先试，创新金融工具和服务模式。包头市给予气候投融资创新政策支持、财政激励、风险分担，为金融机构开展气候投融资创新提供技术标准和项目信息。

（2）制定《包头市气候投融资项目标准》，包括支持项目目录、项目准入技术标准、项目气候效益评价标准等内容。标准要与《绿色产业指导目录（2019 年版）》《绿色融资专项统计制度（2020 年）》《绿色债券支持项目目录（2021 年版）》等保持一致，充分考虑包头市的实际情况、地方特色和低碳发展需求，要科学量化且具有可操作性。

（3）建立"包头市气候投融资信息共享平台"，金融机构共享重点排放企业碳排放履约情况、气候友好型企业目录、国家自主贡献项目库、项目碳强度和碳排放、企业环境违法等有关信息。

（4）建立"包头市惠企利民综合服务平台"，通过"线上+线下"的运作模式，为招商引资、企业获得双碳政策补贴提供便利。

7.4.3.2 重点创建一批气候投融资专项基金

（1）探索设立基于二氧化碳减排量为项目效益量化标准的政策性和市场化气候投融资基金，通过加强政策协同引导，激励更多社会资本投入气候投融资领域（孙轶颋，2021）。

（2）积极发挥政府投资基金的气候目标引领作用和社会资本撬动作用，实现政府引导、市场主导的投资理念，转变投资思维，确定政府合理的出资比例及返投比例，让基金发挥最大效益。

（3）充分运用好市级综合性政府投资母基金——包头市政府投资基金（有限合伙），聚焦碳达峰碳中和目标，引导集聚各类资本和资源，推动产业的低碳转型和低碳创新技术的发展，精准培育扶持气候友好型企业的上市，不允许向国家、内蒙古自治区、包头市严格限制的高污染、高耗能、落后产能等行业投资。

（4）通过政府出资、社会资本参与的形式，发展壮大包头市重点产业发展投资基金，引导基金支持包头市碳达峰碳中和重点技术、企业和项目，碳捕集、封存与利用、储能、氢能等产业链关键环节，同时促进人才引进和形成产业集群。

（5）鼓励行业龙头企业联合发起设立包头市结构化分级碳基金，推动"产业+金融"的发展模式，运用"链式"产融结合思维，将供应链、产业链、生态链全部打通，立足包头市实际情况发展供应链金融、产业链金融和生态链金融。

（6）建立担保基金，完善碳资产回购担保机制。坚持以"政府支持、市场运作、保本微利、风险防控"的原则运营，依托地方融资担保公司充分发挥放大效应，通过争取国家担保基金、内蒙古自治区再担保集团的再担保支持，建立完善风险代偿机制，调动金融机构业务的积极性，加大双碳领域授信投放力度。推动建立碳资产回购担保机制，主要为包头市企业碳资产抵押贷款提供担保和增信；为商业银行碳资产抵押贷款业务提供回购保障；联合金融机构建立碳资产抵押贷款风险补偿资金池。

（7）争取国家、内蒙古自治区和国际金融机构的支持，推动设立内蒙古自治区碳达峰碳中和发展基金，争取落地包头市，支持包头市气候投融资领域的项目。

7.4.3.3　创新可再生能源气候金融产品，推动包头低碳产业发展

（1）鼓励驻包头市的银行业金融机构按照中国银保监会《绿色融资专项统计制度》（2020年）、中国人民银行《绿色贷款专项统计制度》（2018年）和碳减排货币政策工具等相关要求，创新信贷产品和服务，丰富抵质押物品种，适度降低风险容忍度，不断增加对包头市低碳项目的授信额度和贷款余额。

（2）支持包头市企业按照《绿色债券支持项目目录（2021年版）》的标准发行包括气候债券、碳中和绿色公司债券、可持续发展挂钩债券等绿色债券和证券化产品，重点支持二氧化碳减排技术、可再生能源、清洁能源、节能环保等项目，推动包钢、包铝等重点高碳排放企业进行节能改造，发挥碳中和绿色公司债券的积极作用。

（3）推动包头市和国家开发银行、中国进出口银行、中国农业发展银行等建立全面战略合作关系，重点投资绿氢应用型基础设施建设，加强绿氢产业链条资金投入，发挥可再生能源制氢供应优势，共同推动氢冶金、氢化工、加氢站、氢燃料电池车辆等应用场景落地。

（4）探索建立推动外资金融机构支持包头市气候投融资的政策机制，引导和激励外资金融机构为包头市可再生能源等低碳项目提供解决方案，帮助包头低碳企业和项目在境外金融市场融得中长期资金。

（5）创新零碳工业园区融资模式，利用集中式与分布式光伏和风力发电资源，创新"园区贷""能效贷""合同能源管理收益权抵押贷款""光伏贷""风力贷"等绿色信贷产品，引入政策性绿色融资担保机构发挥担保、增信作用，打造工业园区绿色、综合、智慧能源供应体系，大力建设零碳工业园区。

（6）通过财政贴息和补助等财务手段吸引气候资金，通过项目核证自愿减排量（CCER）开发等多种举措来提高资金的收益水平。

（7）鼓励推动保险公司向上级公司申请保险新品种，承保首套、首个、首类等具有气候效益的设备、产品、基建设施，充分发挥融资担保作用。

7.4.3.4　加强气候转型金融解决方案对传统产业低碳技术升级的支持力度

（1）通过气候投融资有力推动包头传统重工业产业和企业的低碳战略转型，建设创新型的节能降耗、绿色低碳、安全生产的现代产业体系、现代产业集群和绿色低碳循环现代产业园区，加速构建高精尖产业结构。制定包头市气候转型企业标准，建立包头市气候转型企业目录，定期评估企业气候转型成效，建立包头市气候转型财政专项资金，有效引导和激励金融机构加大对传统制造业的低碳转型和技术升级。

（2）参照中国银保监会《绿色融资专项统计制度（2020年）》，引导银行业金融机构为包头市传统制造业的低碳转型和技术升级提供绿色信贷服务，推动传统产业向创新型的节能减耗、低碳循环、安全生产的现代产业集群转变，传统工业基地向绿色低碳循环产业园区转变。

（3）支持金融机构帮助包头市气候转型企业和项目发行可持续发展挂钩债券，将债券利率与量化气候转型表现紧密结合。

（4）认真梳理未列入《绿色产业指导目录（2019年版）》《绿色融资专项统计制度（2020年）》和《绿色债券支持项目目录（2021年版）》，但二氧化碳减排潜力大、对包头市经济社会发展和实现双碳目标具有重要意义的企业和项目，制定符合国际标准和国家要求的《包头市气候转型金融支持项目标准和目录》，引导和鼓励包头市内金融机构提供气候转型相关的金融产品和服务。

（5）制定《包头市气候转型金融支持项目表现评价标准和方法》，定期评估接受气候转型金融支持的企业和项目的气候效益和减排贡献，引入减排表现和贷款利率挂钩机制和不达标项目退出机制，同时也要做好高耗能、高排放产业低碳转型过程中系统性金融风险的防范工作（谭显春等，2021），特别是防范高碳行业退出面临的搁浅资产风险的扩散，力争相关产业平稳、有序转型。

（6）鼓励支持包头市保险机构探索实施环境污染强制责任保险，前期重点选择二氧化碳排放量大、环境风险高、环境污染事件较为频发的行业或相关企业纳入投保环境污染强制责任保险范围。支持保险机构不断创新保险产品和更新服务，引导保险机构探索差别化保险费率机制，充分发挥保险费率的杠杆调节作用，助力包头市低碳经济的发展。

7.4.3.5 加大对低碳科技创新企业和项目的投融资力度

（1）吸引风险投资基金、私募股权投资基金及其他支持创业创新投资基金加大对低碳创新技术项目和气候科技型企业的投资，按照市场化原则支持风险投资、私募基金等以股权转让、并购重组等方式的退出。

（2）鼓励包头市内银行业金融机构向上级银行争取确定符合包头市产业特点的气候技术贷款门槛，积极探索气候技术知识产权质押融资扶持及风险补偿机制、气候技术知识产权证券化等金融创新，支持气候技术创新企业和项目融资。

（3）鼓励包头市内保险公司向上级公司争取在包头市开展创新气候技术保险业务，推广气候科技项目研发费用损失保险、气候技术知识产权专利保险等险种。

7.4.3.6 运用混合金融模式支持包头市的低碳和韧性城市建设

（1）综合运用财政手段和金融服务，加强对包头市低碳韧性和城市建设的支持，加大对低碳交通、绿色建筑和建筑节能、韧性城市基础设施建设等项目的招商引资和政府支持力度。

（2）争取获得国家住房和城乡建设部以及瑞士联邦驻华大使馆的支持，在包头市试点开展"中瑞零碳建筑合作项目"，协同土地、住建、公用事业、配套基础设施的相关政策，加大市财政对零碳建筑的资金保障，引入世界银行、国际金融公司（IFC）等国际资金，激励商业银行的金融创新，打造"包头零碳建筑融资创新模式"。

（3）加大对低碳交通的资金投入，打造以低碳交通为核心的基础设施建设，发展高铁经济，布局一批"交通+"配套服务项目，挖掘包头市发展低碳交通所产生碳汇，打造"包头低碳交通融资+CCER模式"。

（4）按照《关于推进基础设施领域不动产投资信托基金（REITs）试点相关工作的通知》《关于进一步做好基础设施领域不动产投资信托基金（RE-ITs）试点工作的通知》等的要求，在包头市气候投融资工作中探索和试点REITs，推动形成市场主导的绿色投资内生增长机制，提升资本市场服务实体经济的质效，推动形成应对气候变化发展新格局。

7.4.3.7 鼓励多元化气候投融资方式支持生态保护修复和气候友好农业项目

（1）吸引世界银行等金融机构对项目的资金支持，大力发展绿色林业、畜牧业和林下经济，加强对具有包头地理标志和绿色安全认证的农牧产品生

产的资金支持力度。探索包头市与联合国粮食及农业组织（FAO）共同开展
"气候智慧型农业投融资项目"，引入国际可持续粮农生产、节水农业生产等
理念和实践。

（2）制定包头市政府购买服务碳中和项目指导性目录清单和统一标准，
保障对森林、草原、湿地生态资源保护和修复项目的财政投入和专业运作。
建立专项财政资金支持生态资源保护项目。探索通过贷款贴息和专项债等方
式吸引更多社会资金投入生态资源保护领域。

（3）推动包头市与中国农业发展银行的战略合作，加大对包头市"气候
智慧型"农业、林业草原碳汇开发、乡村振兴等领域的金融支持和创新。

（4）建立包头市和北京绿色交易所的战略合作关系，建立北京绿色交易
所在包头市的分支机构，引入专业团队全面评估包头市生态系统的固碳能力，
大力开发包头市碳汇资源。通过北京绿色交易所，在包头市和京津冀地区之
间建立以林草湿地碳汇为基础的生态补偿机制。鼓励自愿碳中和的大型企事
业单位、社会团体和个人购买包头市 CCER 或碳普惠信用产品来抵消碳足迹。

（5）推动保险机构拓展农业和生态保险品种，开发生态保护修复、生态
农业、休闲农业保险等产品，支持包头特色农牧业产业发展。

7.4.3.8　建立气候风险担保机制化解区域性金融风险

（1）指导和授权包头市现有担保公司为包头市气候投融资项目提供必要
的融资担保和增信服务，引导和鼓励金融机构加大对包头市重点培育的气候
友好型产业和领域的投入。

（2）探索差别化绿色贷款贴息奖励补偿政策，鼓励金融机构加强对符合
条件的包头低碳企业和气候创新项目的支持力度和融资便利程度。

（3）设立包头市气候投融资风险资金池，建立政银担和第三方机构多方
参与的损失分担型融资模式，对绿色产业、企业和项目融资产生的偿付风险
给予合理风险补偿和损失分担。

7.4.4 做大做强气候投融资机构体系

7.4.4.1 推动设立包头市气候投融资经营主体

组建或者依托现有国有公司设立市场化的包头市气候投融资公司（包头市碳资产管理公司），发挥碳资产管理公司、气候投融资产业促进中心、气候投融资智库的功能。

（1）统筹包头市的碳减排项目国家核证自愿减排量（CCER）的开发与收益，并以包头市碳资产收益权为底层资产发行"气候专项债"或向银行抵押获得绿色信贷，所融资金反哺碳减排项目。

（2）包头市依托国家稀土功能材料创新中心、稀土研究院、27 所特色大中专教育院校、33 个国家和内蒙古自治区级重点实验室、160 家国家高新技术企业等各类科技创新平台及包头完备的工业体系与先进制造体系，引入国内外气候投融资专业人员，以"科技+产业+金融"的模式，建设和运营"包头市国家自主贡献重点项目库"和气候投融资项目产融对接平台，承担包头市气候投融资项目信息公开和气候效益评价的职能，以包头市为蓝本探索产融结合、气候投融资理论联系实践的典范。

（3）全面依托包头市绿色低碳领域研究机构和高校，联合国内外优秀大学、国际组织、产业联盟、行业协会等，在包头市设立气候投融资研究中心。研究中心是开展气候投融资、碳交易和碳金融、绿色金融等领域政策研究、决策分析和合作交流的新型高端智库，为包头市气候投融资工作持续提供专业知识和技术支持，承担国家、内蒙古自治区和包头市有关气候投融资政策的研究任务，定期评估包头市气候投融资政策举措和实施效果，开展气候投融资领域跨区域和国际合作，持续打造包头市气候投融资工作长久影响力。

7.4.4.2　加大对气候投融资专营机构的支持力度

（1）支持气候投融资专营机构建设，争取国家政策支持，依托现有金融机构，设立或者改造成以气候投融资为主业、与商业银行差异化发展的包头市"气候银行"，为区域气候投融资项目提供资金支持。

（2）鼓励引导辖区内金融机构积极主动争取政策支持，力争在 2025 年前经监管部门批准或认可设立一批气候投融资事业部、气候投融资业务中心、气候投融资专营分支行等专营机构。

（3）积极支持金融机构气候友好型转型，不断增加气候投融资渠道和规模，开展气候友好型银行评价，并将评价结果作为政策和财政支持的重要依据。

（4）加大对金融机构的引导和激励。对于气候投融资规模达到一定比例的银行业金融机构，应当适当提高监管风险容忍度；对积极提供气候投融资、符合再贷款申请条件的银行业地方法人金融机构，应该优先给予再贷款支持。对于积极参与气候投融资、达到一定额度的金融机构，可给予税收优惠或其他形式的奖励。

（5）建立健全绿色金融考评机制。将气候投融资规模考核纳入包头市金融机构服务地方经济发展的考评范围，并应大幅度提高权重，综合考核金融机构在气候投融资产品创新、开展气候投融资的规模、气候投融资金融服务的水平等方面的实际效果，强化考核导向和考核结果运用，不断提升金融机构开展气候投融资工作的积极性、主动性和创造性。

7.4.5　加强气候效益评价和气候投融资信息披露

7.4.5.1　加强气候效益评价

（1）构建全面科学的包头市气候投融资项目的气候效益评价体系，精准反映气候投融资工作对包头市碳达峰碳中和以及国家自主贡献目标和任务的贡献，气候效益评价要贯穿气候投融资全过程，将气候效益评价结果与项目准入、融资成本和优惠政策紧密衔接。

（2）加强信息技术（区块链、金融科技）在气候效益监测和评价中的应用，以物联网技术为支撑，构建实时、准确、全面、科学的气候投融资项目碳汇集和碳减排评价方法和体系。

7.4.5.2 提升气候信息披露质量

（1）气候信息披露的内容应涵盖：应对气候变化目标战略（与气候有关的风险和机遇对机构的业务、战略和财务规划的实际和潜在影响），气候投融资创新模式和资金规模，风险管理（机构识别、评估和管理气候相关风险的流程）、治理（机构对于与气候有关的风险和机遇的治理）和目标（用以识别和管理与气候有关的风险和机遇的指标和目标），并根据不同的气候目标和政策选择进行情景分析和压力测试（孙轶颋，2020）。

（2）制定《包头市气候投融资信息披露标准》，不断完善和加强气候风险评估和管理流程，引导包头市企业对气候信息进行定期披露，将气候信息披露作为执行气候投融资考评和奖惩政策的重要依据之一，逐步建立相关单位对关键气候信息强制性披露的制度。

（3）对标国际标准和国内监管要求，不断提升气候信息披露质量，要求包头市企业准确监测、计算和披露二氧化碳排放范围一（直接排放）和范围二（外购电力和热力间接排放）的数据，加强对气候投融资支持企业和项目的碳排放范围三（供应链排放）测算的研究。

（4）支持第三方机构对气候信息披露开展分析与评估，搭建气候投融资信息发布平台，及时更新"包头市国家自主贡献重点项目库"入库项目信息、包头市气候友好型企业名单、参与气候投融资的金融机构和投资者名录，建立和完善信息审核发布机制。

（5）充分发挥信息披露透明度的作用，提升城市国际形象，增强包头市企业和项目在国内外金融市场上的融资能力。

7.4.5.3　建立健全气候风险防控机制

（1）建立气候投融资风险防范化解机制（刘强等，2020）。建立健全气候投融资风险预警机制，健全重大环境和社会风险的内部报告制度、公开披露制度、与利益相关者的沟通互动制度和责任追究制度，积极稳妥做好风险化解和相关处置工作。探索建立气候友好型项目和企业的保险机制，发挥保险的风险分散功能，建立碳达峰项目合理的投融资风险补偿制度。

（2）管理气候风险或进行具有气候效益的投融资活动，对于投融资活动主体具有一定的挑战（熊程程等，2019），所以需要积极开展气候风险的研究，鼓励有条件的包头市企业和金融机构探索开展气候风险压力测试和影响评估，提升对项目气候效益与成本的分析，加强对供应链和客户气候风险的动态评估。

（3）大力推进气候物理风险的防范，要求包头市企业和金融机构制订预案，有效预防和控制因极端气候及其他自然灾害所引起的人员和财物损失。

7.4.6　开创气候投融资国际合作新局面

7.4.6.1　搭建"一带一路"低碳技术投资交易平台

（1）依托现代能源产业发展大会，搭建"一带一路"低碳技术投资平台，鼓励"一带一路"、"中蒙俄经济走廊"国家和地区，以及黄河"几"字弯都市圈的市场主体独资或者联合包头市企业在包头市开展气候投融资相关活动。

（2）随着全球可持续发展理念的不断传播，以及气候危机的进一步加剧，共建绿色"一带一路"的意愿明显增强（于晓龙和蓝艳，2021），绿色基建、绿色能源等领域投融资需求大幅增长，支持包头市企业向"一带一路"、"中蒙俄经济走廊"国家和地区，以及黄河"几"字弯都市圈发展，开展气候投融资活动和经济合作。

7.4.6.2　加强国际资金合作

（1）鼓励和支持包头市金融机构积极通过国际资本市场募集中长期气候资金，如在境外发行气候"熊猫债券"等。

（2）积极争取多边发展性金融机构的技术援助和项目投资资金。

（3）为外国投资者和金融机构在包头市开展气候投融资业务创造条件、提供便利。

7.4.6.3　搭建气候投融资国际合作平台

（1）按照国家部署，主动参与国际气候投融资活动和合作，积极与国际社会交流气候投融资案例、经验和故事，总结宣传气候投融资"包头范例""包头模式"。

（2）积极参与气候投融资全球治理和国际可持续发展相关倡议。

7.4.7　加强组织保障

7.4.7.1　健全考核机制

完善考核评估工作，尤其抓住关键环节和重要时间节点，建立相关问题整改台账，定期通报工作进展情况，全面督促抓好对发现问题的整改工作。完善考核奖惩机制，健全激励机制和容错纠错机制，树立最佳实践，推广成功经验，实行量化问责，确保工作落实。

7.4.7.2　加强人才培养和队伍建设

加大气候投融资领域的人才培养力度，组建一支具有开放视野和创新理念的应用型、复合型气候投融资专业队伍。推动包头市金融机构培育气候投融资专门人才，增强工作人员应对气候变化的专业能力。定期从大学、科研院所等招聘具有相关专业知识的人才，为建立气候投融资发展长效机制做好人才储备。建立有关推进气候投融资发展的专业化培训机制，努力提升企业的气候风险管理能力。不断培育和引进气候投融资高端人才，对做出重大贡献的从事气候投融资的金融机构、研究咨询机构及个人给予一定奖励。

7.4.7.3　加强教育宣传

全面做好气候投融资相关政策、会议和活动的宣传报道。积极倡导低碳发展、生产和消费方式，营造应对气候变化、支持气候投融资发展的良好氛围。加大对从事气候投融资金融机构、气候友好型企业、低碳项目和产品的宣传力度，推动达成发展气候投融资的广泛共识，宣传气候投融资的"包头模式"和"包头经验"。

7.4.7.4　加强金融风险管理

不断健全金融风险监管机制，加强对金融领域的功能监管和行为监管，实现风险监管全覆盖，不留死角。切实守住不发生系统性、区域性金融风险这条底线。建立健全气候投融资风险管理体系和风险考核机制，将融资杠杆率控制在合理区间。

第❽章

研究展望

2030 年前实现碳达峰、2060 年前实现碳中和，是中国为应对全球气候变化而做出的庄严承诺（庄贵阳和魏鸣昕，2021）。但如期实现"双碳"目标并不是一件简单的事情，尤其是我国目前还处于工业化、城镇化进程中，和诸多西方发达国家由于城市化、产业结构变化、能源结构调整等原因已经自然达峰不同，我国必须靠政策驱动来达峰，如果走自然达峰的路径，中国不可能在 2030 年前实现碳达峰。我国如何能在遏制高耗能产业盲目发展的同时，既要保证我国的能源安全、粮食安全和产业链供应链安全，还要保证社会经济稳定健康发展，这对我们党治国理政能力是一次严峻考验。

类似于包头这样的工业城市，二氧化碳排放强度更高、人均二氧化碳排放量更大，实现碳达峰碳中和目标的难度更大，因此非常有必要研究在对经济发展不会产生较大负面影响的前提下，工业城市碳达峰碳中和的实现路径。

2021 年 4 月 8 日，包头市召开深入推进碳达峰碳中和、加快建设绿色低碳城市动员部署大会，设定了努力建设碳达峰碳中和先锋城市、模范城市的目标。包头市实施了加快构建清洁低碳安全能源体系、调整产业结构、加快推进低碳交通运输系统建设、建筑节能改造、推进减污降碳协同治理、气候投融资试点建设、绿色低碳全民行动、引进碳捕集利用项目、持续提升林草碳汇能力等一系列强有力的举措。

对于和包头市一样的工业城市而言，将"双碳"目标不能只看成是巨大的挑战，更应该视为巨大的机遇，其是促进工业绿色低碳转型的机遇，是产业结构调整优化的机遇，是大力发展新能源的机遇，也是开展绿色低碳城市建设的机遇。

2021 年，包头市生产总值为 3293.0 亿元，超过首府呼和浩特市列内蒙古自治区第二位；生产总值增速为 8.5%，列内蒙古自治区第一位。2022 年第一季度，包头市地区生产总值增速、规模以上工业增速、固定资产投资总量三项指标位列内蒙古自治区第一。

目前来看，包头市采取的各项以碳达峰碳中和为目标的政策措施，并没有阻碍经济的发展。所以，走绿色低碳发展道路是可以实现"在经济发展中促进绿色转型、在绿色转型中实现更大发展"的。

随着储能技术、生物技术等的不断发展甚至出现重大突破，再加上国际局势的不断变化，工业城市碳达峰碳中和的实现路径这一问题值得继续研究。

参考文献

［1］朱法华，王玉山，徐振，等．中国电力行业碳达峰、碳中和的发展路径研究［J］．电力科技与环保，2021，37（3）：9-16.

［2］IPCC. Climate change 2013：The physical science basis summary for policymakers［R］．Geneva：World Meteorological Organization，2013.

［3］McCutcheon J，Power I M，Harrison A，et al. A greenhouse-scale photosynthetic microbial bioreactor for carbon sequestration in magnesium carbonate minerals［J］．Environmental Science and Technology，2014，48（16）：9142-9151.

［4］Scheffers B R，De Meester M L，Bridge T C，et al. The broad footprint of climate change from genes to biomes to people［J］．Science，2016，354（11）：719.

［5］IPCC. Special report on global warming of 1.5℃［M］．UK：Cambridge University Press，2018.

［6］胡鞍钢．中国实现 2030 年前碳达峰目标及主要途径［J］．北京工业大学学报（社会科学版），2021，21（3）：1-15.

［7］乔晓楠，彭李政．碳达峰、碳中和与中国经济绿色低碳发展［J］．中国特色社会主义研究，2021（4）：43-56.

［8］韩红珠，王小辉，马高．陕西省能源消费碳排放及影响因素分析［J］．山东农业科学，2015，47（1）：82-87.

［9］包头市统计局.2021 包头统计年鉴［M］.北京：中国统计出版社，2021.

［10］袁志逸，李振宇，康利平，等.中国交通部门低碳排放措施和路径研究综述［J］.气候变化研究进展，2021，17（1）：27-35.

［11］郭雯，陶凯.我国新能源汽车领先市场的形成分析［J］.科技促进发展，2018，14（4）：283-288.

［12］韦树礼，李程武.简析新能源汽车分类及性能［J］.汽车实用技术，2019（2）：15-16，40.

［13］温丽雅，张丽娟，金思甜，等.我国交通运输业绿色低碳发展对策［J］.交通节能与环保，2022，18（1）：1-4，8.

［14］交通运输部科学研究院.中国交通部门低碳排放战略与途径研究［R/OL］.（2020-09-03）［2022-05-18］.http：//www. tanpaifang. com/tanguwen/2020/0903/73643. html.

［15］庄颖，夏斌.广东省交通碳排放核算及影响因素分析［J］.环境科学研究，2017，30（7）：1154-1162.

［16］中华人民共和国国务院.2030 年前碳达峰行动方案［Z］.2021.

［17］IEA. Perspectives for the Clean Energy transition，the Critical Role of Building［R/OL］.［2022-03-21］.https：//www. iea. org/reports/the-critical-role-of-buildings.

［18］龙惟定，梁浩.我国城市建筑碳达峰与碳中和路径探讨［J］.暖通空调，2021，51（4）：1-17.

［19］丁怡婷.提升建筑能效 助力低碳发展［N］.人民日报，2022-01-11（12）.

［20］中华人民共和国住房和城乡建设部."十四五"建筑节能与绿色建筑发展规划［Z］.2022.

［21］吕元芳，张书亚，张康捷，等.装配式建筑的节能环保研究［J］.

建筑经济，2021，42（S1）：186-188.

［22］宋兵．低碳节能装配式建筑技术促进环境保护发展［J］．环境工程，2022，40（1）：243.

［23］杨杰．装配式建筑的施工安全管理策略论析［J］．工业建筑，2022，51（2）：230.

［24］Jenine McCutcheon，Ian M Power，Anna L Harrison，et al. A Greenhouse-Scale Photosynthetic Microbial Bioreactor for Carbon Sequestration in Magnesium Carbonate Minerals［J］．Environmental Science & Technology，2014，48：9142-9151.

［25］李淑英，包庆丰．关于内蒙古自治区沙区碳汇研究的几点思考［J］．内蒙古农业大学学报（社会科学版），2012，14（2）：71-72.

［26］张一心，赵吉，王立新，等．不同管理措施下内蒙古草地碳汇潜势分析［J］．内蒙古大学学报（自然科学版），2014，45（3）：318-323.

［27］李长青，苏美玲，杨新吉勒图．内蒙古碳汇资源估算与碳汇产业发展潜力分析［J］．干旱区资源与环境，2012，26（5）：162-168.

［28］王怡．我国计划2030年碳排放达到峰值［N］．科技日报，2014-11-26（3）.

［29］习近平．继往开来，开启全球应对气候变化新征程：在气候雄心峰会上的讲话［N］．人民日报，2020-12-13（01）.

［30］国家林业局．碳汇造林技术规定（试行）［Z］．2010.

［31］碳汇林．满归碳汇造林项目［EB/OL］．2016-02-1. http：//www. carbontree. com. cn/NewsShow. asp？bid=9883.

［32］郭洪申，张健．欧洲投资银行碳汇造林项目在通辽启动［N］．内蒙古日报（汉语版），2011-07-03（002）.

［33］胡永乐，郝明强．CCUS产业发展特点及成本界限研究［J］．油气藏评价与开发，2020，10（3）：15-22.

［34］中华人民共和国科学技术部."十二五"国家碳捕集利用与封存科技发展专项规划［R］.2013.

［35］科技部社会发展司,国家科技部中国21世纪议程管理中心.中国碳捕集、利用与封存(CCUS)技术路线图［R］.2013.

［36］科技部中国21世纪议程管理中心.中国CCUS发展路线图［C］.北京:第五届CCUS国际论坛,2019.

［37］秦积舜,李永亮,吴德斌,等.CCUS全球进展与中国对策建议［J］.油气地质与采收率,2020,27(1):20-28.

［38］中华人民共和国生态环境部等.气候投融资试点工作方案［Z］.2021.

［39］李高.加快构建气候投融资政策体系［J］.中国金融,2020(23):51-52.

［40］张嫄,朱黎阳,李浩铭.国家相关绿色金融试验区经验对气候投融资试点建设的启示［J］.环境保护,2019,47(24):31-35.

［41］钱立华,鲁政委,方琦.商业银行气候投融资创新［J］.中国金融,2019(22):60-61.

［42］葛晓伟.金融机构参与气候投融资业务的实践困境与出路［J］.西南金融,2021(6):85-96.

［43］孙轶颋.围绕碳达峰、碳中和开展气候投融资工作的路径［J］.环境保护,2021,49(14):12-17.

［44］谭显春,顾佰和,曾桉.国际气候投融资体系建设经验［J］.中国金融,2021(12):54-55.

［45］孙轶颋.金融机构开展气候投融资业务的驱动力和国际经验［J］.环境保护,2020,48(12):18-23.

［46］刘强,王崇举,李强.抓好"六个体系"建设 推动我国气候投融资发展［J］.宏观经济管理,2020(5):70-77,90.

［47］熊程程，廖原，白红春．国际气候投融资风险和绩效管理工具分析及启示［J］．环境保护，2019，47（24）：26-30.

［48］于晓龙，蓝艳．"一带一路"投融资环境管理体系［J］．中国金融，2021（22）：27-28.

［49］庄贵阳，魏鸣昕．城市引领碳达峰、碳中和的理论和路径［J］．中国人口·资源与环境，2021，31（9）：114-121.